세상을 전복한 필수 과학 이론 50가지

30초
과학 이론

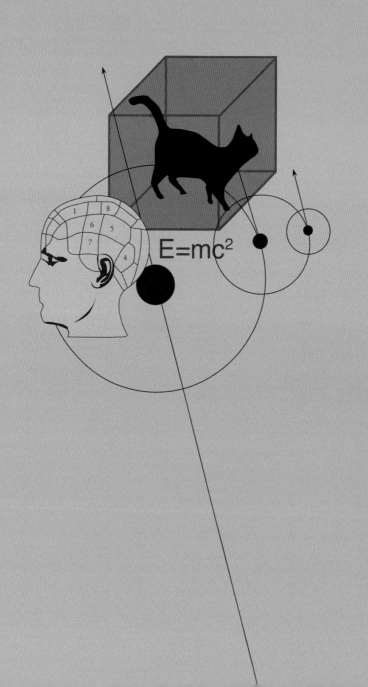

E=mc²

세상을 전복한 필수 과학 이론 50가지

30초
과학 이론

마틴 리스 서문
폴 파슨스 엮음
김아림 옮김

빗은
책들

30초 과학 이론

폴 파슨스 엮음 김아림 옮김
초판 1쇄 발행일 2024년 10월 14일
펴낸이 이숙진
펴낸곳 (주)크레용하우스
출판등록 제1998-000024호
주소 서울 광진구 천호대로 709-9
전화 (02)3436-1711
팩스 (02)3436-1410
인스타그램 @bizn_books
이메일 crayon@crayonhouse.co.kr

* 빛은책들은 재미와 가치가 공존하는 ㈜크레용하우스의 도서 브랜드입니다.
* KC마크는 이 제품이 공통안전기준에 적합하였음을 의미합니다.

ISBN 979-11-7121-078-7 04400

차례

머리말
마틴 리스

세상은 점점 더 복잡하고 당혹스러워지는 중이다. 몇몇 비관론자는 '정보의 과부하' 때문에 사회가 더는 발전하지 않을 것이라고 주장한다. 하지만 나는 그렇게 받아들이지 않는다. 과학이 발전하면서 자연은 더 많은 패턴과 규칙성을 드러낸다. 그리고 이 발전은 우리가 기억해야 할 사실의 수를 줄인다. 예컨대 떨어지는 모든 사과를 하나하나 기록할 필요 없다. 아이작 뉴턴 덕분에 사과든 우주선이든 모든 물체를 지구가 끌어당긴다는 사실을 알았기 때문이다. 세계를 구성하는 가장 단순한 요소인 원자는 우리가 이해하고 계산할 수 있는 방식으로 존재한다. 그리고 이를 지배하는 힘과 법칙은 보편적이다. 원자는 지구상 어디에서나 똑같은 방식으로 행동한다. 멀리 떨어진 별에서도 그렇다. 이런 기본 사실을 알고 있는 덕분에, 공학자는 라디오에서 로켓에 이르기까지 현대 세계의 온갖 기계와 인공물을 설계할 수 있다.

물론 우리 일상은 워낙 복잡한 나머지 그 본질을 몇 가지 공식으로 담아낼 수 없다. 하지만 지구를 이해하는 우리의 관점은 거대하고 통합된 아이디어에 의해 바뀌어 왔다. 예컨대 '대륙 이동설'은 지구의 지질학적, 생태학적 패턴을 하나로 묶는 데 도움을 준다. 또 찰스 다윈의 '자연 선택에 의한 진화'라는 개념은 지구 생명체 전체를 매우 포괄적으로 아우른다. 개인의 삶과는 상관없이 우리를 둘러싼 환경은 혼란스럽지도 않고 무정부적이지도 않다. 자연에는 패턴이 있다. 인간의 행동에도 패턴이 있다. 이런 패턴을 살피면 도시가 어떻게 성장하는지, 전염병이 어떻게 확산하는지, 컴퓨터 칩 같은 기술이 어떻게 발전하는지 알 수 있다. 우리가 세상을 더 많이 이해할수록 세상은 보다 덜 당혹스러워지고, 보다 많이 바뀐다.

이 법칙과 패턴은 과학의 위대한 승리다. 그것들을 발견하는 데에는 헌신적인 재능과 천재적인 재주가 요구된다. 하지만 그 본질을 이해하는 것 자체는 그리 어렵지 않다. 음악을 좋아하더라도 모두 작곡하거나 연주할 수 있는 건 아니듯이 재능이 없더라도 우리는 과학의 개념에 접근하고 경탄할 수 있다.

오늘날 과학은 삶에 그 어느 때보다 많은 영향을 준다. 에너지, 건강, 환경 등 많은 정치적 문제 안에는 과학적 측면이 있다. 그러니 과학은 우리 모두에게 중요하다. 중요한 선택은 과학자만의 것이 아니라 보다 넓은 공론의 결과여야 한다. 그러려면 우리에게 과학의 핵심 아이디어에 대한 '감'이 있어야 한다. 그리고 이런 아이디어가 실용적 용도와는 별개로 우리 문화의 일부가 돼야 한다. 이 과학 분야의 위대한 아이디어와 개념은 쉬운 단어와 간단한 이미지로 짧은 시간에 전달할 수 있다. 어쩌면 30초만에도 가능하다. 바로 이것이 이 책의 목표다. 나는 이 목표를 달성하기를 바란다.

모든 것에 대한 이론

끈 이론 같은 통합적인 이론은 우주의 모든 것이 어떻게 연결돼 있는지 설명하고자 한다.
위대한 과학자들은 여러 해에 걸쳐 이런 '모든 것에 대한 이론'을 발전시키고자 애썼다.
이 책은 이들의 연구 결과를 30초 안에 설명한다(50쪽 참고).

시험하고 또 시험하기
우리가 마음대로 꾸며내는 개인적 이론과 달리,
과학 이론은 엄밀하고 냉철한 근거가 뒷받침한다.
보통 세심하게 설계하고 잘 통제된 실험이 그 근거가 된다.

들어가는 말

폴 파슨스

누구나 자기만의 이론이 있다. 나는 그런 점을 잘 안다. BBC 산하 과학기술 월간지인 〈포커스〉의 편집인으로 재직하는 동안 나는 블랙홀, 평행 우주, 빅뱅의 비밀을 밝혀냈다고 주장하거나 생명의 기원을 알아냈고 입자 물리학의 법칙을 통일했다고 주장하는 독자의 편지를 매일 몇 통씩 받았다. 나는 그런 이론을 애써 생각해 보내준 데 감사하며 이론을 뒷받침할 수학 원리를 알려 달라고 답장했다. 하지만 그들 중 이 요청을 들어준 사람은 아무도 없었다. 우리가 일상적인 용어로 널리 사용하는 '이론'과 과학자들이 공들여 구성한 '이론'에는 차이가 있기 때문이다.

과학에서 이론은 논리적 창조물이다. 그것은 세상이 어떻게 돌아가는지를 정확한 실험적 관찰과 최상의 이해를 바탕으로 반영한다. 하지만 과학 이론이 반드시 절대적 진리인 건 아니다. 단지 지금까지 알고 있는 지식의 현 상황을 포착할 뿐이다. 이론가의 작업을 다시 원점으로 되돌리는 새로운 증거가 드러날 가능성은 얼마든지 있다.

한 가지 예는 태양계에 대한 우리 관점이다. 기원후 2세기 무렵 그리스 철학자 프톨레마이오스는 태양계의 중심에 지구가 있다는 이론을 발전시켰는데, 당시의 천문 관측 수준에서는 타당한 설명이었다. 그러다 17세기 초에 이탈리아의 천문학자 갈릴레오는 새로 발명한 망원경으로 하늘을 조사하기 시작했다. 이로써 이전의 어떤 결과보다 태양계를 솜씨 좋게 관찰할 수 있었다.

갈릴레오의 이 관찰 결과는 100년 전에 폴란드의 천문학자 니콜라우스 코페르니쿠스가 내놓은 새로운 이론을 뒷받침할 세부적 근거가 되었다. 코페르니쿠스의 이론에는 태양계의 중심에 지구가 아니라 태양이 있었다. 우주 탐사에서 얻은 데이터를 포함해 여러 관찰 결과가 태양을 중심에 둔 이 태양계 이론을 확증했다.

이처럼 사라져간 이론 중에는 지구평행론, 불의 기원을 설명하는 초기의 시도인 플로지스톤 이론, 그리고 신이 세상을 창조했다는 '지적설계론'이 있다. 현대 과학의 거의 모든 분야에서 우리의 이론적 이해는 이러한 방식으로 발전해 왔다. 새롭게 개선된 이론이 오래된 이론을 대체하고 사라지게 한다.

오늘날 과학 이론은 우주의 기원에서부터 인간의 정신 작용에 이르기까지 그야말로 모든 것을 망라한다. 이제 이 책의 페이지를 넘기면 세상에서 가장 재능 넘치는 과학 커뮤니케이터들이 위대한 50가지 이론을 설명할 것이다. 각각의 이론은 독자가 이해하기 쉽게 그 본질을 짧은 글로 간추렸다. 어려운 전문 용어도, 장황한 문장도 없다. 간결하고 쉬운 말로 다뤄질 뿐이다.

이 책은 인간 지식에 대한 7가지 꼭지로 이뤄진다. 첫 번째 '거시세계'에서는 운동, 중력, 전기 법칙과 같은 일상 세계의 거시적 물리학을 다룬다. 두 번째 '미시세계'에서는 우리의 관심을 매우 작은 것으로 돌려 원자를 비롯해 아원자 입자가 이루는 양자 세계를 조망한다. 세 번째 꼭지인 '인류의 진화'는 생명과 사람을 비롯해 지능이나 언어의 여러 양상이 어떻게 생겨나게 되었는지에 초점을 맞춘다. 네 번째 '몸과 마음'에서는 정신분석학에서 유전자 치료에 이르기까지 의학의 주요 이론을 정리한다. 다음 '지구라는 행성'에서는 지구와 기후의 작동 방식을 파악할 수 있게 한 위대한 이론이 등장한다. 이어 '우주'에서는 우리의 눈을 더 멀리 가져가 우주의 기원과 진화, 그리고 궁극적인 운명에 대해 살필 예정이다. 마지막 꼭지인 '지식과 정보'에서는 컴퓨터의 성능이 지속적으로 향상되는 현상을 다루는 무어의 법칙을 비롯해 모든 이론의 어머니인 '오컴의 면도날' 이론처럼, 과학 자체의 성장과 관련된 이론을 다룬다. 또 각각의 꼭지에서는 찰스 다윈부터 스티븐 호킹에 이르는 지성계 거물의 프로필과 그들 삶의 여정을 간추려 보여줄 것이다.

이 책에는 두 가지 목표가 있다. 하나는 잘 짜인 단편적인 글로써 나중에 필요에 따라 더 깊이 파고들게 독자를 이끌 훌륭한 참고 자료가 되는 것이다. 다시 말해 과학 이론을 다룬 작은 백과사전 역할이다. 그리고 다른 한편으로, 독자는 첫 장에서 마지막 장까지 현대 과학자들이 자연 세계의 작동 방식에 대해 어떤 관점을 지녔는지를 멋지게 한 번에 훑어볼 수 있다. 그러니 만약 여러분이 양자 이론에서 길을 잃었거나 상대성 이론이 잘 이해가 가지 않는다면, 또 과학자들이 지금까지 무슨 일을 해왔는지가 궁금하다면, 좋아하는 안락의자에 앉아 이 책을 한번 펼쳐 보라. 훌륭한 전문가가 여러분을 인류의 가장 위대하고 지적인 업적으로 안내할 것이다. 과학 이론을 여러분 멋대로 오해하는 건 이제 그만!

상대적인 값들

상대성 이론은 아마 가장 유명한 과학 이론 중 하나일 것이다.
하지만 우리는 이 이론을 정말 제대로 이해하고 있을까?
상대성 이론은 시간, 물질, 에너지, 공간의 상호작용을 다룬다.
30쪽을 펼쳐 이 이론에 대한 30초짜리 설명을 읽어보자.

거시세계

거시세계
용어

거시세계 macrocosm 어떤 시스템의 기능을 가장 큰 규모로(큰 그림에서) 설명하는 모델이다.

굴절 refraction 빛 또는 다른 복사선이 하나의 매질(예: 공기)에서 다른 매질(예: 물)을 통과하면서 방향이 살짝 바뀌는 것을 말한다. 굴절이 일어나는 이유는 두 매질을 이동하는 빛의 속도가 다르기 때문이다. 복사선이 어떤 각도로 두 매질 사이의 경계면에 도달하면, 복사선의 한쪽 면이 반대쪽보다 먼저 속도가 바뀐다. 그 결과 복사선 전체가 방향을 살짝 바꾼다.

물질 matter 우주의 공간을 채우고 있는 것들로서 특정한 방식으로 측정할 수 있다.

방정식 equation 측정 가능한 양들이 서로 어떻게 관련되어 있는지를 보여주기 위해 사용하는 수학적 표기법이다. 예컨대 $E=mc^2$는 어떤 물체(E) 안의 에너지란, 그 물체의 질량(m)과 빛의 속도(c)의 제곱(2)을 곱한 값과 같다는 사실을 보여주는 방정식이다('제곱'이란 어떤 숫자에 자기 자신을 한 번 더 곱한 수다).

법칙 law 자연에서 관찰된 패턴을 단순히 설명한 걸 일컫는다. 대부분의 법칙은 방정식으로 표현된다.

복사 radiation 방사능 물질에서 나오는 위험한 방사선을 설명할 때 가끔 사용되지만, 더 정확하게는 공간을 가로지르는 광자(에너지의 아주 작은 꾸러미)의 이동을 일컫는다. 위험한 감마선뿐 아니라 빛과 열, 전파 역시 복사선이며 각각 서로 다른 양의 에너지를 운반한다.

빛의 속도 speed of light 복사선이 이동하는 속도로, 우주에서 빛의 속도는 특정 수치로 제한돼 있다. 즉 진공에서 빛의 속도는 초속 29만 9792킬로미터다. 이보다 빨리 이동하는 것은 없다.

상수 constant 자연에서 측정되는 변하지 않는 물리량을 말한다. 빛의 속도가 그런 예다. 상수는 하나의 물리적 성질을 다른 물리적 성질과 '비례 관계'로 연관시킬 때 사용된다. 하나의 성질이 변화하면 다른 성질도 같은 비율만큼 변화하는 것이다. 상수 덕분에 여러분은 하나의 성질이 변화할 때 다른 성질이 얼마나 영향을 받을지 정확히 계산할 수 있다.

수직 perpendicular 다른 무언가와 90도 직각을 이루는 것을 일컫는다. 예를 들어 웬만한 벽은 바닥과 수직을 이룬다.

아원자 subatomic 원자보다 작은 입자

운동에너지 kinetic energy   운동과 관련해 움직이는 물체에 포함된 에너지를 말한다.

원자 atom   지구상에 존재하는 물질의 가장 작은 단위다. 원자 자체는 양성자, 중성자, 전자라는 그보다 더 작은 입자로 이루어져 있다. 이 입자가 조합된 특정한 방식이 각각의 원자에 물리적, 화학적 특성을 부여한다.

위치에너지 potential energy   어떤 물체 안에 저장된 에너지로, 이것이 방출되면 쓸모 있는 일을 할 수 있다. 언덕 꼭대기에 불안정하게 서 있는 바위에는 위치에너지가 존재한다. 바위가 언덕 아래로 떠밀려 데굴데굴 떨어진다면 그러는 동안 위치에너지가 움직이는 바위의 운동에너지로 전환된다.

입자 particles   물질을 이루는 작은 단위다. 가장 작은 규모를 다루는 물리학에서 입자는 원자 안의 작은 구성 요소이거나, 물이나 산소, 또는 다른 물질을 이루는 분자다. 먼지나 연기, 모래를 이루는 작은 알갱이일 수도 있다.

장 field   힘이 물질에 영향을 미치는 공간의 영역을 말한다. 예를 들면 자기장과 중력장이 있다.

전자파 eleltromagnetic wave   빛이나 열 같은 복사를 설명하는 또 다른 방식이다.

전하 electric charge   물질의 기본적 성질이다. 양성자 같은 물질은 양전하를 띠는 반면 전자 같은 물질은 음전하를 띤다. 여기에 비해 중성자는 중성이기 때문에 전하를 띠지 않는다. 음전하를 띤 물체에서 양전하를 띤 물체로 전자(또는 다른 대전된 물체)가 흐르는 것을 전류라 한다.

진동 oscillation   공간의 일정 부분을 중심으로 두고 일어나는 리드미컬한 움직임을 말한다.

질량 mass   어떤 물체 안에 들어 있는 물질의 양을 측정하는 척도를 말한다. 흔히 '질량'과 '무게'를 섞어서 같은 것처럼 말하지만, 사실 둘은 같지 않다. 무게란 물체에 작용하는 중력의 끌어당김을 재는 척도다. 좀 더 쉽게 설명하자면, 지구에서는 물체의 '질량'과 '무게'가 사실상 같지만, 달에서는 이 물체의 질량은 변하지 않고 중력이 지구보다 낮으므로 무게는 85퍼센트 줄어들어 지구 무게의 약 15퍼센트가 된다.

차원 dimension   어떤 대상이나 사건을 설명하는 데 사용하는 기본적인 척도를 말한다. 우리는 길이, 너비, 높이, 시간이라는 네 가지 차원을 익히 안다. 하지만 과학 이론에는 수학을 통해서만 파악되는 그보다 더 많은 여러 차원이 포함되곤 한다.

최소 작용의 원리

30초 이론

이 원리가 기본적으로 말하려는 바는, 모든 일은 최소한의 노력을 필요로 하는 방식으로 일어난다는 것이다. 즉, 빛줄기가 직선으로 이동하는 건 직선이 두 점 사이의 가장 짧은 경로기 때문이다. 또 만약 여러분이 공을 떨어뜨리면, 공은 지구의 중심을 향해 나아갈 것이다. 이 최소 작용의 원리를 누가 처음 생각했는지는 확실하지 않지만, 조금만 생각해보면 우리도 충분히 혼자서 알아낼 수 있다. 하지만 18세기에는 이것이 꽤 대단한 일이었다. 그래서 레온하르트 오일러, 피에르 드 페르마, 고트프리트 라이프니츠, 볼테르를 비롯한 수학계의 거물들이 누가 먼저 이 아이디어를 냈는지를 두고 옥신각신 설전을 벌였다. 당시에는 이런 생각을 말로 정리해 표현하는 것이 중요했는데, 그렇게 정리함으로써 힘이 작용할 때 사물이 어떻게 움직이는지 설명하는 방정식 등을 만들었기 때문이다. 그런 진술은 위치 에너지나 운동에너지라는 개념을 다지는 방향으로도 이어졌다.

3초 요약

현대 물리학의 핵심에는 '자연은 모든 작용을 최소한으로 아낀다…'라는 개념이 있다.

3분 통찰

원자보다 작은 아원자 규모에서 어떤 일이 벌어지는지를 설명하는 양자론은 최소 작용의 원리가 적용되지 않는 유일한 영역인 것 같다. 양자적인 대상은 동시에 두 상태에 머무를 수도 있고, 한 곳에서 다른 곳으로 이동할 때 여러 경로를 거칠 수도 있다. 물리학자 리처드 파인먼은 양자론에 따르면 입자는 이동할 때 가능한 모든 경로를 동시에 지날 것이라고 제안하기까지 했다!

관련 이론

다음 페이지를 참고하라
대통일 이론 50쪽
오컴의 면도날 142쪽

3초 인물

레온하르트 오일러 (1707~1783)
피에르 드 페르마(1601~1665)
고트프리트 라이프니츠 (1646~1716)
볼테르(1694~1778)

30초 저자

마이클 브룩스

내용을 가만히 살펴보면, 최소 작용의 원리는 그저 상식일 뿐이다. 자연에서 물체는 항상 가장 짧고 간단한 경로를 따라 이동한다.

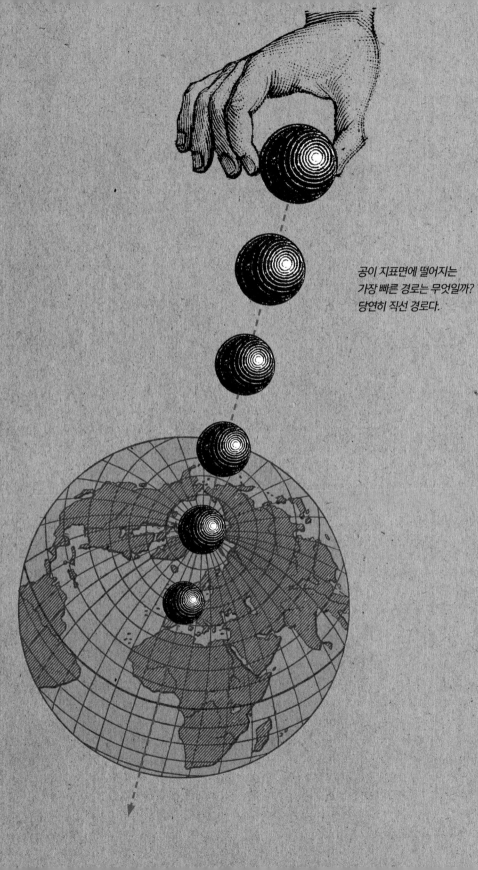

공이 지표면에 떨어지는
가장 빠른 경로는 무엇일까?
당연히 직선 경로다.

뉴턴의 운동법칙

30초 이론

관련 이론
다음 페이지를 참고하라
만유인력의 원리 20쪽
상대성 이론 30쪽
대통일 이론 50쪽

3초 인물
아이작 뉴턴(1643~1727)

30초 저자
마이클 브룩스

3초 요약
뉴턴은 사물이 어떻게 움직이는지를 설명하는 공식으로 만들었고, 여기에서 로켓 발사에 필요한 과학 이론까지 나왔다.

3분 통찰
뉴턴의 법칙은 단순하지만 강력하고 정확하다. 하지만 이 법칙은 물체가 빛의 속도에 가깝게 움직이거나 중력장이 강한 경우에는 정확성이 떨어진다. 이때 뉴턴의 운동 법칙을 대신하는 것이 바로 아인슈타인의 상대성 이론이다.

물체가 어떻게 움직이는지를 고민하던 아이작 뉴턴은 오늘날 지극히 상식적으로 보일 만큼 우리에게 친숙한 세 가지 법칙을 생각해냈다. 첫 번째로, 뉴턴은 물체는 자신의 움직임이 변화하려 하면 여기에 대해 저항한다고 말했다. 그리고 그 저항력의 정도를 '관성'이라고 불렀다. 여러분이 어떤 물체를 밀기 전까지 그 물체가 가만히 있는 것도 관성이다. 이와 비슷하게 이미 움직이고 있는 물체는 무언가가 자기를 멈추거나 밀지 않는 한 계속 그대로 움직인다. 두 번째는 어떤 힘이 물체를 미는 경우, 물체가 어떤 영향을 받을 것인지(또는 받지 않을 것인지)를 결정하는 게 그 물체의 질량이라는 것이다. 한편 가장 유명한 제3 법칙은 앞의 둘과 약간 다르게 느껴진다. 이 법칙은 모든 작용에는 그것과 크기가 같고 방향은 반대인 반작용이 있다는 것이다. 만약 내가 여러분을 밀면, 나 역시 반작용으로 똑같은 힘을 반대 방향으로 느끼게 된다. 이것은 우주로 발사되는 로켓과 제트 엔진이 작동하는 원리다. 엔진 뒤쪽의 노즐에서 가스가 배출되면 그 반작용으로 엔진이 앞으로 나아간다. 또한 이것은 여러분이 배에서 내릴 때 조금 더 주의해야 하는 이유이기도 하다. 여러분은 앞으로 나아가는 과정에서 어쩔 수 없이 배를 조금 뒤로 움직인다. 이 점을 고려하지 않는다면 여러분은 자칫 물에 풍덩 빠질 수도 있다!

축구공에서 우주정거장에 이르기까지, 우리가 매일 마주하는 물체가 어떻게 움직이는지를 설명하는 모든 원리가 뉴턴의 운동 법칙에 담겼다. 뉴턴은 달 여행을 가능하게 하는 이론을 제공했다. 그 결과 뉴턴 이후 300년도 되지 않아서 실제로 우주여행을 하는 데 필요한 탈것인 로켓이 발명된다.

(뉴턴의 운동 법칙을 이용해서)
나를 달로 날려 보내줘.

만유인력

30초 이론

자연의 근본적인 힘인 만유인력을 설명한 것은 과학에서 가장 위대한 업적 가운데 하나로 손꼽힌다. 아이작 뉴턴은 1687년 수학에 대한 세 권짜리 훌륭한 저서인 《프린키피아》에서 이 개념을 발전시켰다. 만유인력 이론에 따르면 질량을 가진 모든 것, 즉 보통의 물질로 이루어진 모든 것 사이에는 서로 끌어당기는 인력이 존재한다. 그 인력은 두 물체의 질량, 둘 사이의 거리, 그리고 중력 상수로 알려진 상수에 달려 있다. 이 이론의 핵심적인 통찰은 중력이 '역제곱 법칙'을 따른다는 점이었다. 이는 두 물체 사이 거리의 제곱에 따라 인력이 감소한다는 의미다. 뉴턴의 법칙은 매우 정확해서 행성의 움직임을 즉시 설명하고, 행성 서로에 대한 움직임과 태양에 대한 움직임을 예측하는 쉬운 방법이 밝혀졌다. 그뿐만 아니라 이 법칙은 우리가 우주로 로켓을 쏘아 올리도록 했다. 물론 아인슈타인이 상대성 이론을 발전시켜 행성의 궤도에서 나타나는 몇 가지 작은 이상 현상을 설명한 이후, 사람들은 뉴턴의 법칙이 만유인력을 설명하는 최종 이론이 아니라는 사실을 알게 되었다. 하지만 이 법칙은 우리가 일상생활에서 마주하는 만유인력이라면 보편적으로 정확하게 들어맞는다.

3초 요약
위로 올라간 것은 반드시 아래로 떨어져야 하고 또 그렇게 될 것이다. 뉴턴이 알아낸 사실은 바로 이것이었다.

3분 통찰
현대 물리학의 몇몇 아이디어에 따르면 1밀리미터 이하, 또는 태양계 전체의 지름보다 크게 떨어져 있는 물체를 설명할 때 뉴턴의 만유인력 법칙은 조정될 필요가 있다고 한다. 게다가 애초에 질량을 가진 물체가 왜 서로를 끌어당기는지, 왜 만유인력이 자연의 여타 다른 힘보다 훨씬 약한지, 물리학 분야에서 가장 정확하게 측정되지 못한 상수인 중력 상수의 값이 얼마인지 시원하게 설명하는 사람은 아무도 없다.

관련 이론
다음 페이지를 참고하라
운동 법칙 18쪽
상대성 이론 30쪽
양자장 이론 46쪽
대통일 이론 50쪽

3초 인물
아이작 뉴턴(1643~1727)

30초 저자
마이클 브룩스

크기가 크든 작든 모든 물체는 지구에 똑같이 쿵 하고 떨어진다.

$$F = G\frac{m_1 \times m_2}{r^2}$$

덩치 큰 코끼리나
조그만 완두콩이나
만유인력 때문에 생긴
가속도는 똑같다.
하지만 그래도
떨어지는 하늘에서
코끼리가 떨어진다면
잘 피해야 한다!

1879
독일 울름에서 출생

1886
취리히 대학에 입학해
물리학과 수학 교사가 될
훈련을 받음

1905
빛, 분자 운동, 에너지에 대한
4편의 논문을 출간함

1913
중력에 대한 새로운 이론을
연구하기 시작함

1915
일반 상대성 이론을 완성함

1921
노벨 물리학상을 수상함

1928
통일장 이론을 연구하기
시작함

1835
미국으로 이주함

1955
미국 프린스턴에서 사망함

22

알베르트 아인슈타인

'만약 한 줄기의 빛 위에 앉아 있다면 무엇이 보일까?' 알베르트 아인슈타인이 아직 소년이었을 무렵 스스로 던진 질문이다. 그리고 여기에 대해 아인슈타인이 생각해 낸 대답인 상대성 이론은 250년 전 아이작 뉴턴이 설명했던 질서정연한 우주라는 개념을 산산조각 냈다. 아인슈타인이 이론을 내놓은 이후 거의 한 세기가 지난 지금까지도 물리학자들은 그의 이론이 정확히 무엇을 밝혀냈는지 알아내고자 애쓰는 중이다.

알베르트 아인슈타인은 1879년 독일 남부에서 태어났다. 아인슈타인의 아버지 헤르만은 사업가였지만 성공을 거두지 못했다. 1890년대 들어 가세가 기울자 아인슈타인은 부모님이 이탈리아에서 일하는 동안 독일에 남아 혼자 학업을 마쳐야 했다. 이 시기에 아인슈타인은 이미 자기만의 과학 연구를 시작했고 16세의 나이에 학교를 자퇴했다. 그리고 공교육을 제대로 끝마치지 못했음에도 아인슈타인은 1896년에 취리히 공과대학에 입학할 수 있었다.

그럼에도 아인슈타인은 집에서 공부를 계속하느라 학교에는 출석하지 않는 날이 많았다. 그래서 학교에서 평판이 나빴던 아인슈타인은 대학을 졸업한 이후에 학업을 계속 이어갈 수 없었다. 결국 아인슈타인은 베른에 있는 특허청에서 일을 했고 1903년에는 밀레바 마리치와 결혼했다. 일터에서 단순한 일만 하면 되었기에 물리학에 대해 고민하고 생각할 자유 시간도 많았다.

1905년은 아인슈타인에게 '기적의 해'였다. 자그마치 4편의 논문을 이 해에 발표했기 때문이다. 그중 하나는 빛과 전기의 관계에 대한 것으로 아인슈타인에게 노벨상을 안겼다. 그리고 다른 하나는 상대성 이론의 출발점이 되었다. 이후 10년이 지나 아인슈타인은 일반 상대성 이론을 발표했다. 이 이론은 에너지, 질량, 중력에 대한 아이디어를 '시공간'이라는 하나의 개념 속에 한데 모았다.

아인슈타인은 세계대전과 개인적인 문제들로 인생이 불안정하게 흔들리는 와중에도 계속 연구를 해나갔다. 그의 주된 목표는 상대성 이론을 원자를 지배하는 이론들과 연결해 모든 것에 대한 하나의 통일된 이론을 만드는 것이었다. 하지만 1955년 아인슈타인이 세상을 떠날 때까지도 이 작업은 완성되지 않았고 오늘날까지도 여전히 미완성인 상태로 남아 있다.

파동 이론
30초 이론

관련 이론
다음 페이지를 참고하라
전자기학 28쪽
양자장 이론 46쪽

3초 인물
토머스 영(1773~1829)

30초 저자
스티븐 스켈튼 MW

3초 요약
우주에서 여러분이 소리를 쳐도 아무도 들을 수 없는 것도 바로 이 이론 때문이다.

3분 통찰
양자 이론이 발전되면서, 사람들은 전자기파가 광자라고 불리는 에너지 꾸러미의 움직임이라는 사실을 깨달았다. 알베르트 아인슈타인은 이 발견으로 노벨상을 수상했다. 그 이전에는 빛이 서로 다른 진동수를 가지며 진동하는 일련의 파동이라 여겼다. 광파의 진동수는 광자가 가진 에너지와 관련된다. 그리고 이 에너지는 우리 눈에 보이는 색깔과도 관련이 있다. 푸른빛은 붉은빛에 비해 더 에너지 수준이 높은 광자, 다시 말해 보다 빠르게 진동하는 파동으로 이루어져 있다.

파동이 에너지를 전달한다는 사실을 인식하려면 바닷가에 가서 파도를 맞기만 하면 된다. 파동은 놀라울 만큼 다양한 방식으로 에너지를 전달한다. 바다의 파도나 음파 같은 일부 파동은 물이나 공기의 입자를 물리적으로 움직인다. 그것이 지나는 어떤 매질이든 마찬가지다. 파동은 두 가지 종류가 있다. 음파와 '종파'는 파동의 방향과 평행하게 공기를 움직여 진동을 만든다. 반면에 전자기파 같은 '횡파'는 그것이 이동하는 방향과 수직 방향으로 진동한다. 편광 선글라스는 특정 방향의 광파, 예컨대 위아래로 움직이는 횡파를 차단한다. 그러면 다른 방향, 예컨대 좌우로 진동하는 광파는 영향을 받지 않고 통과된다. 만약 빛이 종파였다면 편광 렌즈는 아무런 효과도 없을 것이다.

19세기에 토머스 영과 같은 선구자가 파동을 조작하는 방식을 알아내면서 파동 이론의 대부분은 해결되었다. 파동은 특정 물질에 의해 반사되기도 하고 두 매질 사이의 경계를 지나며 굴절 또는 회절하는데, 이것은 파동이 좁은 틈새를 통과하며 퍼져 나간다는 것을 의미한다. 그뿐만 아니라 파동은 매질의 일부 영역에서는 서로를 완전히 상쇄시키는 반면, 다른 영역에서는 서로 결합해 더 크고 강력한 파동으로 거듭난다.

파동은 어디에나 있다. 바다나 공중은 물론이고 심지어 진공 상태인 우주에도 파동이 존재한다. 이런 파동은 어디에 있든 다들 파장을 가지고 있다. 파장이란 하나의 파동이 시작되어 다음 파동이 시작될 때까지 지나간 거리를 말한다.

어떤 파동이 1초에 1개의
파장을 지났을 때,
그 파동이 1헤르츠(Hz)의
진동수를 가졌다고 말한다.
바닷가의 파도는
진동수가 0.2헤르츠이지만
광파는 무려 진동수가
500조 헤르츠나 된다!

앰티

파장

종파

열역학

30초 이론

3초 요약
열의 본성에 대한 켈빈 경의 훌륭한 설명에 따르면 무가치한 것은 아무것도 없다.

3분 통찰
열역학 제2법칙이 등장하기 전까지는 영원히 계속해서 움직이는 '영구 기관'이 가능하다고 여기는 사람들이 많았다. 이렇게 고안된 한 가지 예는 에너지를 전혀 사용하지 않고 집에 불을 켜도록 설계되었다. 전기 모터로 발전기에 달린 바퀴를 돌리면 발전기가 집을 환하게 밝힐 동력을 제공하고, 동시에 다시 전기 모터를 돌린다는 식이었다. 비록 오늘날에는 바보 같이 들릴지라도 19세기 당시에는 큰 사업이 었다. 많은 사업가들이 이 문제를 어떻게든 해결해 큰돈을 벌고자 기를 썼다.

열이 어떻게 작동하는지 알고 싶다면 열역학을 알아야 한다. 이 이론은 다음 세 가지 법칙의 지배를 받는다. 첫 번째 법칙은 무슨 일이 벌어지든 우주의 총 에너지는 그대로 변하지 않는다는 것이다. 다시 말해 에너지를 만들거나 파괴할 수는 없고 다만 한 가지 형태의 에너지를 다른 형태로 바꿀 수 있을 뿐이다. 두 번째 법칙은 고립된 계의 엔트로피는 항상 증가한다는 것이다. 엔트로피란 어떤 식으로도 일을 할 수 없는 계의 에너지를 측정한 값이다. 예컨대 시계의 태엽이 풀리면 시계를 계속 작동시킬 힘이 점점 줄어든다. 이때 태엽의 엔트로피는 증가하는데, 그 이유는 태엽의 위치에너지가 운동에너지로 서서히 손에 전달되며 기계장치의 마찰 때문에 일부 에너지가 열로 소실되었기 때문이다.

마지막으로 열역학의 세 번째 법칙에 따르면 계의 온도가 절대영도(도달 가능한 최저 온도로 −273.15°C이다)를 향해 내려가면 자연의 모든 과정은 중단되며 엔트로피는 최소가 된다. 하지만 그 지점에 도달하도록 해줄 자연적인 과정이 존재하지 않기 때문에, 결과적으로 절대영도에 도달하기란 불가능하다.

열역학은 용어가 풍기는 느낌만큼 추상적이고 난해하지 않다. 19세기에 켈빈 경이 발전시킨 이 이론은 가정의 냉장고와 중앙난방 장치, 자동차를 움직이는 엔진, 그리고 여러분을 살아 숨 쉬게 하는 생물학적 과정의 기초를 이룬다.

관련 이론
다음 페이지를 참고하라
카오스 이론 152쪽

3초 인물
윌리엄 톰슨, 켈빈 경
(1824~1907)

30초 저자
마이클 브룩스

열역학 이론에 따르면 냉장고는 음식에 냉기를 더하는 것이 아니라 냉장고의 열을 빼앗을 뿐이다. 냉장고는 뒷면에 부착된 관에 들어 있는 유체를 압축시켜 이런 작업을 수행한다.

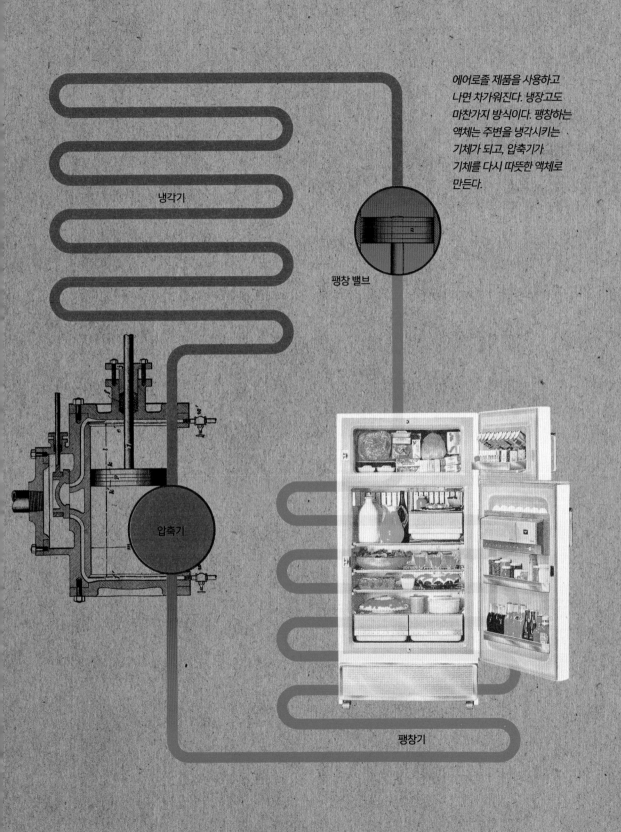

냉각기

에어로졸 제품을 사용하고
나면 차가워진다. 냉장고도
마찬가지 방식이다. 팽창하는
액체는 주변을 냉각시키는
기체가 되고, 압축기가
기체를 다시 따뜻한 액체로
만든다.

팽창 밸브

압축기

팽창기

전자기학

30초 이론

전자기학은 놀라울 정도로 강력한 개념이다. 사실 전자기학이 없다면 우리의 삶은 완전히 달라질 것이다. 전하, 운동, 자기장이 결합하면 이런 놀라운 일이 벌어진다. 자기장 안에서 금속으로 만든 전선을 움직이면 전선에는 전류가 흐른다. 이것이 우리가 전기를 만드는 방법이다. 그리고 반대로 전선에 전류를 흘려보내면 전하의 움직임이 자기장을 만들어낸다. 초인종이나 입자가 속기에 동력을 공급하는 전자석은 이런 방식으로 만들어진다. 마지막으로 자기장 안에 있는 전선을 통해 전류를 흘려보라. 전선이 움직일 것이다. 주방에서 쓰는 거품기나 전기 드릴에 들어간 전기 모터에는 이런 원리가 숨겨져 있다.

이 이론을 발전시킨 주된 공로자는 스코틀랜드의 과학자 제임스 클러크 맥스웰이다. 맥스웰은 전기장과 자기장의 복잡한 상호작용을 설명하는 방정식을 처음으로 정리했다. 그리고 이 방정식은 미처 예상하지 못했던 한 가지 요인을 필요로 한다는 사실이 밝혀졌다. 바로 빛의 속도였다. 그에 따라 빛과 복사열이 움직이는 전자기장의 한 변형일 수 있다는 사실이 알려졌다. 이 움직이는 장들 전체는 복사라고 불렸다. 복사를 연구하는 과정에서 막스 플랑크는 양자 이론을 발전시켰고 알베르트 아인슈타인은 상대성 이론을 떠올렸다.

3초 요약
전지와 고리 모양의 전선, 자석이 있으면 무척 인상적인 경험을 할 수 있다!

3분 통찰
양자 이론이 공식화되면서 전기와 자기에 관한 제임스 클러크 맥스웰의 방정식을 다시 정리할 필요가 생겼다. 그 결과 양자전기역학(QED)이라고 불리는 새로운 이론이 탄생했다. 하지만 흥미롭게도, 이 이론의 일부는 순수한 이론이 아니라 실험에서 얻어진 수치들로 얼버무려졌다. 그럼에도 QED는 과학계에서 가장 성공적인 이론으로 널리 손꼽힌다.

관련 이론
다음 페이지를 참고하라
파동 이론 24쪽
양자장 이론 46쪽
대통일 이론 50쪽

3초 인물
제임스 클러크 맥스웰
(1831~1879)

막스 플랑크(1858~1947)

알베르트 아인슈타인
(1879~1955)

30초 저자
마이클 브룩스

보이지 않는 입자의 흐름과 보이지 않는 힘의 장이 자아내는 효과가 장난감 자동차에서 슈퍼 컴퓨터에 이르는 모든 것들을 움직인다고 생각하면 정말 놀랍다.

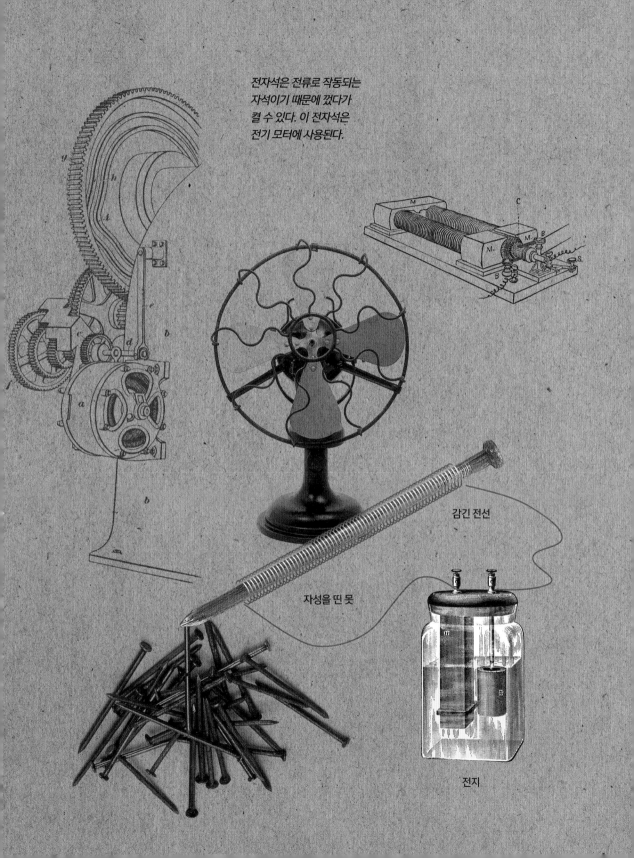

전자석은 전류로 작동되는
자석이기 때문에 껐다가
켤 수 있다. 이 전자석은
전기 모터에 사용된다.

감긴 전선

자성을 띤 못

전지

상대성 이론

30초 이론

아인슈타인의 상대성 이론은 물질과 에너지, 시간, 공간이 어떻게 상호작용하는지를 가장 정확히 설명한다. 이 이론은 특수 상대성 이론과 일반 상대성 이론이라는 두 가지 이론으로 구성된다. 먼저 나온 것은 특수 상대성 이론이다. 이 이론은 빛의 속도보다 더 빨리 이동할 수 있는 물체는 없다는 사실을 알려주었다. 그뿐 아니라 서로 다른 속도로 여행하는 사람에게는 시간의 흐름이 다르다는 사실을 보여주었다. 이 이론에 따르면 만약 쌍둥이가 서로 떨어져 한쪽이 빛의 속도에 가까운 속도로 우주를 여행한다면, 다시 만났을 때 나이가 상당히 달라져 있을 것이다. 또한 특수 상대성 이론은 물질이 어떻게 에너지로, 에너지가 어떻게 물질로 변환되는지를 설명하는 유명한 방정식 $E=mc^2$를 낳았다. 원자폭탄과 원자력의 기초가 된 방정식이기도 하다.

그리고 나중에 나온 일반 상대성 이론은 아이작 뉴턴의 만유인력이라는 개념을 뒤집었다. 이 이론은 공간이 가진 3개의 차원과 마찬가지로 시간 역시 하나의 차원으로 여기며, 그 전부를 '시공간'이라는 개념으로 결합한다. 에너지나 질량을 가진 모든 것은 이 시공간을 뒤틀어 중력장을 만든다. 그리고 중력장은 그 속에서 이동하는 모든 물질에 영향을 미친다. 심지어 중력 렌즈라는 현상은 그 속을 통과하는 광선을 구부리기도 한다. 1919년에 일식을 관측하는 동안 상대성 이론을 뒷받침하는 이 현상을 목격했다.

3초 요약

여러분이 젊음을 유지하고 싶다면, 계속해서 열심히 움직이는 게 좋다!

3분 통찰

상대성 이론은 시간 여행을 가능하게 하는 근본적인 원리다. 엄청난 속도로 우주 공간을 질주하는 우주비행사야말로 시간 여행자라는 개념에 가장 근접한 사람이다. 우주비행사가 지구에 돌아오면 다른 사람들은 그들보다 나이가 더 들어 있다. 그뿐 아니라 일반 상대성 이론은 과거로 여행했을 때 생길 기묘한 역설을 말한다. 여러분이 과거로 가서 할아버지를 죽인다면 자기 존재 자체가 모순과 혼란에 빠질 것이다. 이처럼 묘한 함의가 있음에도 상대성 이론은 아직 실험적인 검증에서 실패한 적이 없다.

관련 이론

다음 페이지를 참고하라

3초 인물

알베르트
아인슈타인(1879~1955)

아이작 뉴턴(1643~1727)

30초 저자

마이클 브룩스

'모든 것은 상대적이다.' 우리가 흔히 하는 말이다. 하지만 우리는 이 구절이 지닌 진정한 의미를 잘 모른다. 시간과 질량, 공간이 연결돼 있다는 게 무슨 의미인지도 말이다.

상대성 이론에 따르면
여러분이 공간을 빠르게
통과할수록 여러분이
시간을 따라 이동하는
속도가 느려진다.
그렇게 여러분이 빛의
속도에 도달한다면,
시간은 완전히 멈출 것이다.

미시세계

미시세계
용어

강한 핵력 strong nuclear force 핵 안에서 양성자와 중성자를 하나로 묶는 힘이다.

광자 photons 전자기력을 전달하는 에너지의 꾸러미다. 빛, 열, 엑스선과 같은 복사선은 이런 광자의 파동이다. 이런 광자 안에 포함된 에너지의 양에 따라 복사선에 붙이는 이름이 달라진다. 예컨대 라디오파는 에너지가 낮은 광자를 포함하는 반면, 엑스선과 감마선은 에너지 수준이 높은 광자를 실어 나른다. 빛과 열은 이 두 극단 사이의 중간 어딘가에 있다.

미시세계 microsm 가장 작은 규모에서 일어나는 사건이라는 관점에서 시스템의 작동 방식을 설명하는 모델이다.

반도체 semiconductor 전기를 전도하거나 차단하려고 만든 물질이다. 컴퓨터나 전자제품 안에서 반도체는 작은 스위치로 사용된다.

방사성 radioactive 매우 불안정한 나머지 원래 상태를 유지할 수 없는 원자의 특성을 말한다. 이런 원자들은 고속의 작은 입자들로 이뤄진 방사선을 방출하면서 붕괴하고 쪼개진다.

브라운 운동 Brownian motion 연기 입자와 같은 작은 물체가 무작위로 요동치는 것처럼 관찰되는 현상이다. 이런 움직임은 눈에 보이지 않는 원자들이 눈에 보이는 물체들과 자주 충돌하면서 발생한다.

순간이동 teleportation 고체로 된 물체를 분해한 다음 다른 곳에서 새로운 원자로 같은 물체를 만들어 이동하는 방식이다.

알파 입자 alpha particle 일부 방사성 물질이 방출하는 눈에 보이지 않는 입자. 양성자 2개와 중성자 2개로 구성돼 있으며 전하량은 +2다.

약한 핵력 weak nuclear force 방사성 붕괴가 일어나는 동안 핵에서 특정 입자를 방출하는 힘을 말한다.

양성자 proton 원자핵에서 발견되는 양전하를 띤 아원자 입자를 말한다.

양자 quantum 더 이상 쪼개지지 않는 단위이다. 양자에는 에너지가 존재한다.

역학 mechanics 물질의 힘과 운동을 다루는 물리학 분야다. 일상 세계에서 역학은 뉴턴의 세 가지 운동 법칙에 따른다. 하지만 양자역학에서는 이러한 법칙이 더 이상 적용되지 않으며, 물리학자들은 입자의 운동과 위치를 비롯한 양자적 특성을 확률로 설명한다.

원소 element 원자 안에는 그보다 작은 입자들, 즉 양성자, 전자, 중성자의 다양한 집합이 들어 있다. 각각의 집합은 원자에 특정한 물리적, 화학적 성질을 부여한다. 원소란 단 한 종류의 원자로만 이루어진 물질을 말한다. 이것은 더 단순한 물질로 분해될 수 없다. 지구상에는 약 90개의 원소가 존재한다. 금, 황, 산소, 수소가 그 예다. 반면에 물은 산소와 수소가 결합된 물질이기 때문에 원소가 아니다.

전자 electron 원자 속에 있는 음전하를 띤 아주 작은 입자. 전자는 금속 내부에서 흘러 전류를 만든다. 그뿐 아니라 전자는 원자가 서로 결합하도록 하는 화학 반응에도 관여한다.

전자 현미경 electron microscope 빛줄기 대신 전자빔을 활용해 아주 작은 대상의 이미지를 만들어내는 현미경이다.

전자기학 electromagnetism 전자를 밀어내 전기의 흐름을 만들어내는 힘과 자석에서 비롯한 힘 사이의 관계를 설명한다. 전자기력은 자연의 네 가지 힘 중 하나이며 전하와 관련이 있다. 그에 따라 반대 전하는 서로 끌어당기며 같은 전하는 밀어낸다. 원자의 내부 구조를 구성하고, 여러 원자가 서로 달라붙어 우주를 이루는 여러 물질을 형성하는 것도 이런 전자기력 때문이다.

중성자 neutron 모든 원자의 핵에서 발견되는 아원자 입자의 하나다.

차원 dimension 어떤 대상이나 사건을 설명하는 데 사용되는 기본적인 척도를 말한다. 인간은 길이, 너비, 높이, 시간이라는 네 가지 차원을 인식한다. 하지만 과학 이론에는 수학을 통해서만 파악되는 그 밖의 여러 차원이 더 포함되는 경우가 많다.

핵 nucleus 입자들이 꽉 차 있는 원자의 중심부로, 양성자와 흔히 중성자가 포함된다. 양성자는 핵이 양의 전하를 띠게 하며, 그에 따라 같은 수의 전자를 끌어당겨 원자를 이룬다. 원자의 거의 모든 질량은 핵 안에 들어 있다.

확률 probability 가능성을 수로 나타낸 것.

힘 force 에너지가 하나의 물체에서 다른 물체로 전달되는 현상이다. 우주는 물질을 끌어당기거나 분리된 상태로 유지하는 네 가지 힘에 의해 묶여 있다. 중력, 전자기력, 약한 핵력, 강한 핵력이 그 네 가지 힘이다. 중력은 가장 약하지만 가장 먼 거리까지 작용하며 항성을 만들고 행성이 궤도를 따라 움직이게 하는 힘이다. 반대로 강한 핵력은 네 가지 힘 가운데 가장 강력하지만 원자 하나의 폭이라는 아주 짧은 거리에서만 작용한다.

원자론

30초 이론

3초 요약
보다 깊이 들어가면 우주의 모든 것들은 동일한 집짓기 블록으로 이루어져 있다.

3분 통찰
오늘날 원자론은 그저 이론이 아닌, 누구도 부정할 수 없는 확고한 사실이다. 우리는 전자 현미경을 이용해 개별 원자를 볼 수 있을 뿐 아니라, 심지어 원자를 가두거나 레이저를 이용해 이리저리 움직일 수도 있다. 오늘날 말하는 '원자론'이란 모든 것이 원자로 이루어져 있다는 이론을 이야기하는 게 아니다. 그보다는 원자가 어떻게 행동하고 상호작용 하는지를 설명하는 이론을 말하는데 이것은 양자역학의 영역이다.

기원전 5세기에 그리스의 철학자 데모크리토스가 최초의 원자론을 제안했다. 세상의 모든 것은 궁극적으로 작고 단단하며 더 이상 쪼개지지 않는 입자의 조합으로 이루어진다는 것이 그의 추측이었다. 데모크리토스는 이 입자를 '원자'라고 불렀으며, 원자의 모양과 크기는 다양하지만 모두 같은 기본 재료로 만들어졌다고 제안했다. 물질에 대한 오늘날의 과학 이론으로 설명하자면, 우주에서 볼 수 있는 매우 다양한 물질은 서로 다른 화학 원소의 조합으로 이루어진다. 이 원소는 실제로 수많은 동일한 기본 단위, 즉 원자로 구성된다. 원자의 내부 구조는 원소마다 고유하며 이 구조가 원소에 특정한 성질을 부여한다. 예를 들어 수소 원자는 금 원자와 구성이 다르다. 현대적인 원자론은 19세기 초 영국의 화학자 존 돌턴의 연구로 시작되었다. 하지만 1905년에 브라운 운동에 관한 유명한 논문을 통해 원자의 존재를 수학적으로 증명한 사람은 아인슈타인이었다. 그로부터 몇 년 뒤 어니스트 러더퍼드는 얇은 금박에 알파 입자를 충돌시키는 실험으로 원자의 내부를 최초로 관찰했다. 러더퍼드는 모든 원자가 양전하를 띤 작은 핵으로 이루어져 있으며, 그보다 더 작고 음전하를 띤 전자가 핵 근처의 빈 공간을 둘러싸며 주위를 돈다는 사실을 발견했다.

관련 이론
다음 페이지를 참고하라
양자역학 38쪽
불확정성 원리 40쪽
양자장 이론 46쪽

3초 인물
데모크리토스(BC 460~370)

존 돌턴(1766~1844)

알베르트 아인슈타인 (1879~1955)

어니스트 러더퍼드(1871~1937)

30초 저자
짐 알칼릴리

여러분이 그동안 보아 왔고, 볼 수 있으며, 앞으로 보게 될 모든 것들은 원자의 뒤섞임으로 만들어진다. 심지어 여러분 자신도 그러하다.

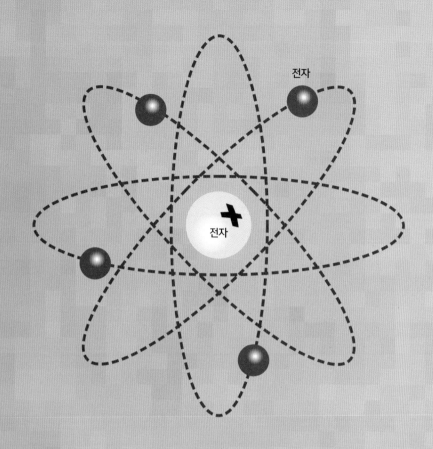

전자

전자

원자의 내부가 어떻게 생겼는지 시각화하는 것은 불가능하다. 하지만 보통은 작은 중심핵 주위를 전자들이 회전하며 둘러싸는 모습으로 표현하곤 한다.

양자역학

30초 이론

이것은 힘과 운동에 대한 일상적인 개념이 더는 적용되지 않는 아원자 세계를 설명하는, 이상하지만 믿을 수 없을 만큼 강력한 이론이다. 아원자 세계에서는 '양자 규칙'에 기초한 새로운 종류의 역학이 필요하다. 20세기 초에 독일의 물리학자 막스 플랑크가 이런 아이디어를 처음으로 발전시켰다. 플랑크는 에너지가 '양자'라는 작은 꾸러미로 이루어진다고 제안했다. 그리고 이 이론은 1920년대에 알베르트 아인슈타인, 닐스 보어, 폴 디랙, 베르너 하이젠베르크를 포함한 여러 과학자에 의해 더욱 확장되었다.

하지만 양자역학은 엄청난 성공을 거뒀음에도 여전히 수수께끼에 싸여 있다. 아무도 이 이론이 어떻게 작동하는지 그 이유를 제대로 알지 못하기 때문이다. 이런 점은 많은 과학 이론 가운데서도 특이하다. 양자역학은 미시세계에 한해서 우리의 상식과는 완전히 어긋나는 예측을 한다. 예컨대 우리가 무엇을 하고 있는지 실제로 확인하기 전까지는 원자가 동시에 여러 곳에 존재할 수 있다고 설명한다. 그뿐만 아니라 전자는 실제로 측정하기 전까지 시계방향과 반시계방향으로 동시에 회전할 수 있다고도 말한다. 이러한 점들을 비롯해 여러 기묘한 특성은 양자역학이라는 이론에 문제가 있어서 생겨난 것은 아니다. 이 이론은 단지 이 정도 미시적인 규모까지 내려갔을 때는 자연이 어떤 방식으로 행동하는지를 알려줄 뿐이다. 여러분이 가진 관점에 따라서는 그렇게 단순한 문제가 아닐지도 모르지만 말이다.

관련 이론
다음 페이지를 참고하라
불확정성 원리 40쪽
슈뢰딩거의 고양이 42쪽
양자장 이론 46쪽

3초 인물
막스 플랑크(1858~1947)

알베르트 아인슈타인
(1879~1955)

닐스 보어(1885~1962)

베르너 하이젠베르크
(1901~1976)

폴 디랙(1902~1984)

30초 저자
짐 알칼릴리

3초 요약
양자역학을 처음 발전시킨 인물 중 한 명인 닐스 보어는 이렇게 말한 적이 있다. "만약 여러분이 양자역학을 접하고 놀라워하지 않는다면, 여러분은 제대로 이해한 것이 아니다!"

3분 통찰
물리학이란 분야에서 가장 중요한 이론을 하나 꼽자면 아마도 양자역학일 것이다. 이 모든 것이 무엇을 의미하는지 이해하기가 꽤 어렵지만, 오늘날의 거의 모든 기술은 이 이론에 바탕을 두고 있으며 그래서 우리는 이 점에 감사해야 한다. 양자역학은 원자가 어떻게 서로 결합해 분자를 이루는지, 반도체가 어떻게 작동하는지, 레이저는 또 어떻게 작동하는지를 설명한다. 양자역학이 없었다면 우리는 컴퓨터, MP3 플레이어, 휴대폰, 생명을 구하는 치료약을 만들지 못했을 것이다.

38

양자역학은 단순한 답을 제시하는 법이 없다. 예를 들어 하나의 아원자 입자가 여러 다른 상태로 동시에 존재할 수 있다는 예측을 내놓는다.

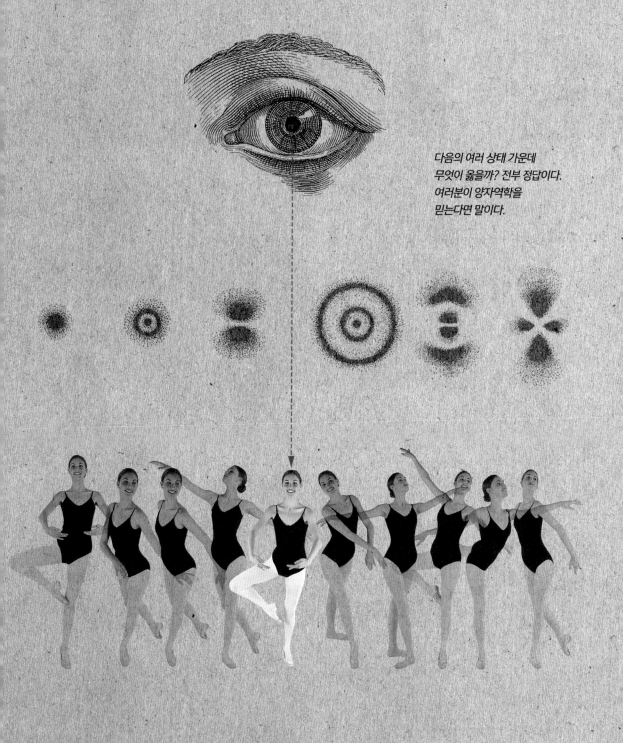

다음의 여러 상태 가운데
무엇이 옳을까? 전부 정답이다.
여러분이 양자역학을
믿는다면 말이다.

불확정성의 원리

30초 이론

하이젠베르크의 불확정성 원리는 원자와 원자 내부의 더 작은 입자 같은 양자적 대상(object)이 행동하는 방식에 대한 진술이다. 1927년에 베르너 하이젠베르크가 정리했으며, 그에 따라 그의 이름을 따서 함께 부른다. 이 원리에 따르면 전자가 얼마나 빨리 움직이는지를 정확히 아는 동시에 전자가 어디에 있는지를 정확하게 알 수는 없다. 속도 또는 위치라는 각각의 속성은 원칙상 정확히 측정될 수 있지만, 어느 하나를 정확히 알려면 다른 하나를 희생해야 한다. 이것은 자연의 작동 방식을 우리가 제대로 이해하지 못하기 때문도 아니고 전자가 아주 미세한 대상이기 때문도 아니다. 단지 전자가 그런 방식으로 존재하기 때문이다. 사실 우리의 지식과는 전혀 관련이 없다. 위치와 속도를 동시에 정할 수 없는 특성이 전자 자체에 존재한다. 전자가 발견되기 쉬운 영역을 알아내는 것만이 우리가 할 수 있는 최선이다.
에너지와 시간에도 불확정성 원리가 적용된다. 우리가 입자의 정확한 에너지를 측정하는 동안에는 입자가 언제 그런 에너지를 갖는지 알 수 없다. 반대로 시간을 정확하게 알아내면, 그러는 동안에는 입자의 에너지 양을 알아낼 희망을 버려야 한다.

3초 요약
아원자 입자가 어디 있는지 정확하게 알아내려 애쓸수록, 입자는 여기저기로 미친 듯 더 빠르게 움직여 탈출하려 할 것이다.

3분 통찰
불확정성 원리는 흔히 우리가 아원자 세계를 조사할 때 사용하는 도구가 서툴고 부정확하다는 의미로 오해된다. 하지만 사실 이 원리는 자연이 미시적인 규모에서 행동하는 방식에 대한 매우 강력한 설명이며, 여러 가지 중요한 결과를 알려준다. 예컨대 이 원리가 없다면 태양은 빛나지 않을 것이다. 수소 원자핵이 융합해 빛과 열을 생성할 수 있는 바탕이 되는 원리이기 때문이다.

관련 이론
다음 페이지를 참고하라
원자론 36쪽
양자역학 38쪽
슈뢰딩거의 고양이 42쪽
평행세계 128쪽

3초 인물
베르너 하이젠베르크
(1901~1976)

30초 저자
짐 알칼릴리

불확정성 원리에 따르면 아원자 입자를 측정할 때 우리가 알 수 있는 지식은 별로 없다.

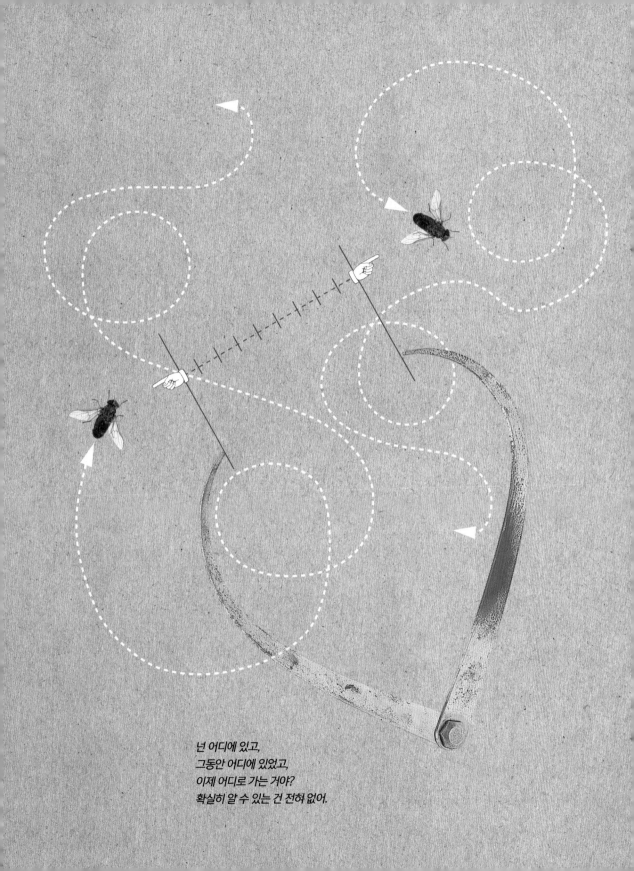

넌 어디에 있고,
그동안 어디에 있었고,
이제 어디로 가는 거야?
확실히 알 수 있는 건 전혀 없어.

슈뢰딩거의 고양이

30초 이론

1930년대 중반 오스트리아의 물리학자 에르빈 슈뢰딩거는 양자역학이 얼마나 말도 안 되는 결과를 불러일으키는지 알려주고자 사고 실험을 제안했다. 상자 하나에 고양이를 집어넣고 치명적인 독극물과 방사능 물질을 함께 넣었다고 상상해보라는 것이다. 양자역학에 따르면 우리는 주어진 시간 안에 방사성 원자가 붕괴했는지 여부는 확인하기 전까지 알 수 없다. 그렇기 때문에 그것이 붕괴한 동시에 붕괴하지 않았다고 설명해야만 한다. 직접 확인해야만 두 가지 가능성 가운데 하나로 좁혀질 것이다.

슈뢰딩거는 이 상자에서 방사성 원자가 붕괴하면서 내보낸 입자가 독극물을 방출하게 하고, 그에 따라 고양이가 죽도록 실험을 설계했다. 슈뢰딩거에 따르면 고양이 역시 원자로 이루어져 있기 때문에(비록 수조 개에 이르지만) 양자역학의 법칙을 따를 것이다. 따라서 우리가 상자를 열어보기 전까지 고양이는 죽어 있는 것과 동시에 살아 있다고 묘사할 수밖에 없다. 상자를 열어 안을 봐야만 두 가지 가능성 가운데 어느 하나라도 확인할 수 있다.

3초 요약
원자는 두 가지 가능성을 동시에 가졌고, 고양이 역시 원자로 이루어졌기 때문에 고양이는 죽어 있는 동시에 살아 있을 수 있다.

3분 통찰
슈뢰딩거는 우리가 죽은 고양이와 산 고양이를 동시에 보는 건 불가능하기 때문에 양자역학에 결함이 있다고 여겼다. 양자역학은 우리가 실제로 확인하기 전까지 고양이가 어떤 상태일지 아무 말도 하지 않는다는 것이다. 일단 안을 봐야 불쌍한 고양이가 죽거나 살아 있을 확률을 계산할 수 있을 뿐이다. 어쩌면 우리가 상자를 열 때 우주 전체가 둘로 쪼개질 수도 있다. 한쪽에서는 고양이가 살아 있고 다른 한쪽에서는 고양이가 죽어 있는 것이다.

관련 이론
다음 페이지를 참고하라
불확정성 원리 40쪽
양자 얽힘 48쪽
평행세계 128쪽

3초 인물
에르빈 슈뢰딩거(1887~1961)

30초 저자
짐 알칼릴리

슈뢰딩거는 알베르트 아인슈타인과의 토론에서 이 '상자 속 고양이' 사고 실험을 활용했다. 하지만 이 실험은 양자역학이 우리 모두에게 어떻게 작용하는지를 설명하는 데 도움이 되었다.

재료: 고양이 한 마리.
고양이를 밀폐된 상자에 넣어라.

이제 고양이를 죽일 만한 독이
든 플라스크를 상자에 넣는다.
그리고 방사능을 가진 금속을
조심스럽게 집어넣어라.
금속 원소가 방사성 붕괴를
일으켜 입자 하나가 방출될
확률은 50대 50이고,
이 입자는 플라스크를
깨뜨려 독을 퍼뜨린다.

상자 안을 들여다보고 싶겠지만
일단 참아라. 지금 상자 안에는
두 가지 상태의 고양이가 존재한다.
하나는 살아 있지만
다른 하나는 죽어 있다.

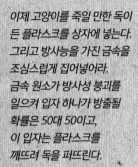

1918
미국 뉴욕 시에서 출생

1939
매사추세츠 공과대학(MIT)을
졸업함

1943
원자폭탄을 개발하기 위한
맨해튼 프로젝트에 합류함

1950
미국 로스앤젤레스의
캘리포니아 공과대학
물리학 교수가 됨

1965
노벨 물리학상을 수상함

1986
우주왕복선 챌린저호의
폭발 사고에 대한 진상
규명 위원회 위원으로 임명됨

1988
로스앤젤레스에서 사망함

리처드 파인먼

리처드 파인먼과 그의 여러 동료는 우주의 구조를 구성하는, 말도 안 되게 작은 입자의 세계인 양자 물리학을 새로 정리했다. 뛰어난 과학자가 보통 그렇듯 파인먼은 자유로운 영혼을 지닌 독불장군이었다. 자기 분야에서 돌파구가 될 업적을 세워 노벨상을 받았을 뿐 아니라 신나는 봉고 연주로도 유명하다!

리처드 파인먼은 1918년 미국 뉴욕에서 태어났다. 뛰어난 우등생이었던 그는 MIT 학부생일 때 분자 내부에서 작용하는 힘을 연구해 전 세계 물리학자의 주목을 받기도 했다.

1941년에 파인먼은 프린스턴 대학교로 옮겼고 그곳에서 존 A. 휠러('블랙홀'과 '웜홀'를 연구했고 이 단어를 처음 만들기도 한 과학자)와 함께 '양자전기역학'이라는 분야의 새로운 이론을 발전시켰다. 양자전기역학이란 입자의 운동으로 전자기장을 설명하는 이론이다. 그 이전에 물리학자들은 전자기장을 파동으로만 시각화했을 뿐이었다. 또 프린스턴 대학에 있는 동안 파인먼은 원자 무기에 대한 초창기 연구에 발을 들였다. 1943년에 그는 맨해튼 프로젝트의 가장 젊은 참가자로 뉴멕시코주 로스앨러모스 국립 연구소에 갔다. 이곳에서 파인먼은 원자폭탄의 폭발력 계산을 도왔고, 프로젝트에 사용되는 엄청난 양의 데이터를 분석하는 초기 전산 시스템을 구축했다.

1950년에 파인먼은 칼텍이라고 불리는 캘리포니아 공과대학의 교수가 되었다. 이곳에서 일하는 동안 파인먼은 머리 겔만과 함께 원자 내부에서 발견되는 약한 힘을 설명하고자 연구했다. 이 연구는 방사성 원자가 쪼개져 붕괴했을 때 무슨 일이 벌어지는지 알려주었다.

파인먼이 캘리포니아 공과대학에서 했던 강의 내용은 새로운 세대의 입자 물리학자에게 영감을 주었고, 여러 주제에 걸친 그의 저서는 일반 대중을 매혹했다. 파인먼은 이 대학에서 계속 머물다 1988년에 세상을 떠났다.

양자장 이론

30초 이론

물리학에서 '장'이란 어떤 대상이나 물체에 물리적인 영향을 미치는 공간의 영역이다. 예를 들어 중력장과 자기장이 그렇다. 장 이론은 이러한 장이 어떻게 작용하고 그 안의 물체가 장과 어떻게 상호작용하는지를 설명한다.

양자역학의 창시자 중 한 사람인 폴 디랙은 1920년대 후반에 여러 논문을 발표해 아인슈타인의 특수 상대성 이론뿐만 아니라 제임스 클러크 맥스웰의 전자기학 이론과도 양자론이 결합된다는 사실을 밝혔다. 그렇게 디랙은 전자와 빛의 입자인 광자가 어떻게 상호작용하는지를 기술하는 최초의 '양자화된' 장 이론을 발전시켰다.

이렇듯 시작은 좋았지만 양자장 이론은 1930년대에서 1940년대까지 수학적 난관에 부딪치며 힘든 시기를 겪었다. 그러다 1949년에 뛰어난 과학자인 리처드 파인먼을 포함한 몇몇 물리학자가 양자전기역학(QED라 불리는)을 발전시키면서 마침내 이런 문제들이 풀렸다. 나중에 이 이론은 자연의 네 가지 힘 중 또 다른 힘인 약한 핵력과 전자기력을 결합하는 데 활용됐다. 이것을 약전자기 이론이라 불린다. 뒤이어 강한 핵력을 설명하는, 양자 색역학으로 알려진 또 다른 양자장 이론도 개발되었다. 이제 양자장 이론으로 설명하지 못하는 힘은 중력만 남았다.

관련 이론
다음 페이지를 참고하라
전자기학 28쪽
원자론 36쪽
양자역학 38쪽
불확정성 원리 40쪽

3초 인물
폴 디랙(1902~1984)

제임스 클러크 맥스웰
(1831~1879)

리처드 파인먼(1918~1988)

30초 저자
짐 알칼릴리

3초 요약
이 아원자 이론은 무척 정확해서, 런던과 뉴욕 사이의 거리를 머리카락 한 올 두께만큼의 오차로 측정하는 정확도와 비슷하다.

3분 통찰
양자장 이론은 세상의 모든 것을 근본적인 수준에서 설명한다. 여기에 따르면 모든 것은 원자로 이루어졌으며, 원자는 전자의 상호작용을 통해 서로 달라붙는다. 또 이러한 상호작용이 일어날 수 있는 이유는 그들 사이에 전자기력이 작용하기 때문인데, 이것은 사실 광자의 교환에 지나지 않는다. 다시 말해 양자장 이론은 대부분의 물리학, 화학 전체, 그리고 생물학 전체를 뒷받침한다고 해도 과언이 아니다.

양자장 이론은 고체 입자뿐 아니라, 자연의 근본적인 힘을 설명하는 여러 '장'에도 양자 물리학의 기묘한 법칙이 적용됨을 보여준다.

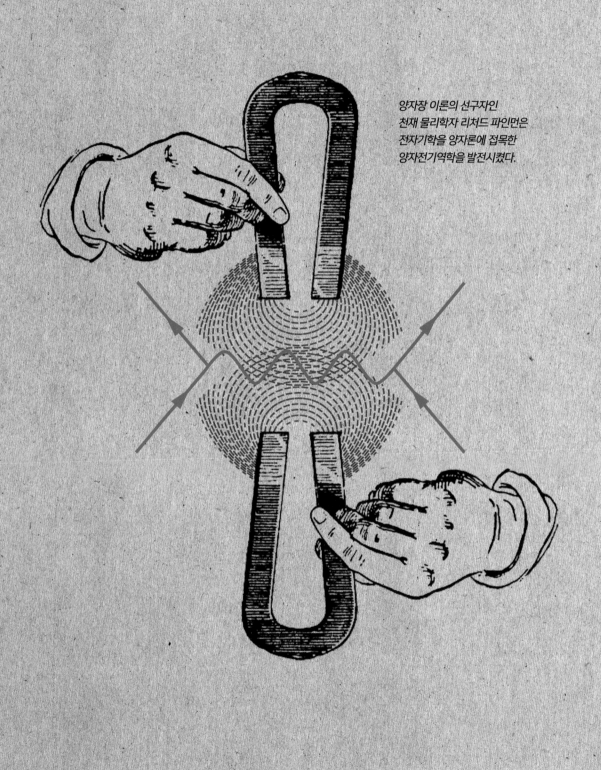

양자장 이론의 선구자인
천재 물리학자 리처드 파인먼은
전자기학을 양자론에 접목한
양자전기역학을 발전시켰다.

양자 얽힘
30초 이론

이제 골치 아픈 얘기로 넘어가 보자! 전자나 광자 같은 양자적인 규모의 대상이 서로 접촉하면 양자 상태(그들의 속성을 설명하는 수학적인 정보)는 결합하거나 서로 얽히게 된다. 그리고 이후 아무리 먼 미래가 된다 해도 이 둘의 운명은 여전히 서로 얽혀 있다. 어떻게 생각하면 당연한 일이기도 하다. 같은 과거를 공유했던 두 대상은 상호작용이 일어났을 때 서로의 속성에 어떤 식으로든 영향을 받았을 테니 말이다. 이 상호작용의 효과는 나중에 우리가 그 입자를 관측해도 다시 확인할 수 있다.

하지만 '얽힘'은 여기서 그치지 않고 더 기묘해진다! 양자 세계의 대상은 동시에 서로 반대 방향으로 회전하는 것처럼, 둘 이상의 상반된 특성을 동시에 나타낼 수 있다. 이것을 '중첩'이라고 한다. 이제 광자가 다른 광자와 얽힌다고 가정해보자. 그러면 한 광자의 중첩이 다른 광자를 '감염'시킬 수 있어서 결국 둘 다 중첩된 상태에 놓이게 된다. 하지만 일단 우리가 둘 중 하나를 관측하면, 그에 따라 하나의 측정값이 정해지기 때문에 그 광자가 어떤 식으로 회전하는지가 강제로 결정된다. 하지만 이 광자는 멀리 떨어진 다른 광자와 얽혀 있기 때문에, 우리는 동시에 다른 광자에도 같은 선택을 강요하는 셈이 된다. 두 광자가 지금 수백만 킬로미터 떨어져 있다 해도 이 과정은 순간적으로 일어난다.

3초 요약
아원자 규모의 실험에서 어떤 입자가 지니는 운명은 우주의 반대편에 즉각 영향을 끼칠 수 있다.

3분 통찰
양자 얽힘은 단지 이론에 그치는 비현실적인 이야기가 아니다. 이 이론은 양자 컴퓨팅, 해독되지 않는 암호, 심지어 순간이동 같은 최근에 부상한 흥미로운 기술을 실현하는 데 도움이 된다! 그렇다고 해서 우리가 손쉽게 이 이론을 이해하게 된다든지, 그것이 사실이라는 믿음을 간단히 가질 수 있게 된다든지 하는 건 아니다. '얽힘'을 설명하는 방식은 우리가 양자역학을 어떻게 해석하는지에 달려 있기도 하다. 더욱 혼란스럽다고? 당연하다!

관련 이론
다음 페이지를 참고하라
불확정성 원리 40쪽
평행세계 128쪽

30초 저자
짐 알칼릴리

아원자 입자들은 엄청나게 멀리 떨어져 있어도 서로 연결된 것처럼 보인다. 언젠가 우리는 이 '얽힘'이 무엇인지 제대로 설명할 수 있을까?

광자 1

광자 2

양자 얽힘 덕분에 언젠가는
물체와 사람이 멀리 떨어져
있더라도 순간이동을
할 수 있을 것이다.

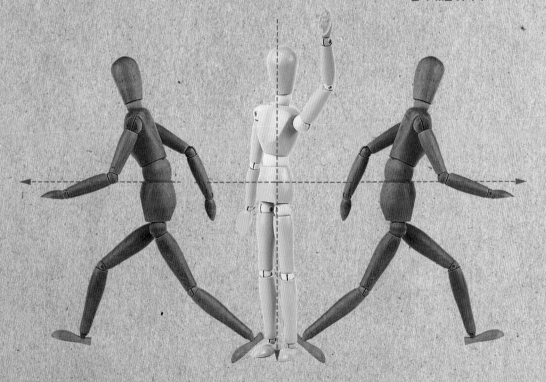

대통일 이론

30초 이론

이것은 자연의 네 가지 기본적인 힘과 모든 기본 입자 사이의 관계를 단 하나의 이론적 틀로 설명하려는 시도다. 물리학에서 힘은 입자 사이의 상호작용을 매개하거나 실어 나르는 '장'으로 기술된다. 이것을 '장 이론'이라고 부른다. 예를 들어 1915년에 알베르트 아인슈타인은 중력에 대한 장 이론인 일반 상대성 이론을 내놓았다. 또 아원자 규모에서는 장이 양자장 이론으로 설명된다. 이 이론은 양자역학의 개념을 다른 세 가지 힘과 연관된 기본적인 장에 적용한다. 전자기력과 강한 핵력, 약한 핵력이 이 세 가지 힘들이다. 이제 연구자들의 목표는 강한 핵력의 장 이론인 양자 색역학을 전자기력과 약한 핵력을 설명하는 약전자기 이론과 통일할 수 있는지 알아내는 것이다. 그 결과가 바로 대통일 이론(GUT라고도 불리는)이 될 것이다. 하지만 아무리 대통일 이론을 발전시키는 데 성공한다 한들 여전히 중력은 포함되지 않을 것이다. 물리학자들이 아직도 아인슈타인의 중력 이론에 적용되는 양자장 이론을 어떤 방식으로 정리해야 할지 모른다. 이러한 '모든 것을 설명하는 이론'의 한 가지 후보가 끈 이론이다. 하지만 이 이론이 옳은지 그렇지 않은지 알려면 아직 한참 멀었다.

관련 이론
다음 페이지를 참고하라
만유인력 이론 20쪽
상대성 이론 30쪽
양자 얽힘 48쪽

3초 인물
알베르트 아인슈타인
(1879~1955)

30초 저자
짐 알칼릴리

3초 요약
이론 물리학자들은 모든 것을 설명하는 하나의 이론을 찾으려는 강렬한 열망을 품고 있다. 가능하다면 그 방정식을 티셔츠에 인쇄해 입고 다니려 할 것이다.

3분 통찰
물리학자들은 거의 100여 년에 걸쳐 물리학 이론을 통합하려고 시도해왔다. 아인슈타인 역시 두 가지 핵력이 발견되기 전부터 중력을 전자기학 안에 통일하려고 노력했지만, 성공하지 못한 채 생애 마지막 30년을 보냈다. 오늘날 알려진 사실이 있다면 여러 힘을 통일하려면 4차원 이상을 다루는 이론이 필요해 보인다는 것이다. 그런 이유로 끈 이론은 대통일 이론의 유력한 후보가 되었다. 이 이론은 10개의 차원, 즉 9개의 공간 차원과 1개의 시간 차원을 다루기 때문이다.

우주의 모든 것은 서로 연결되어 있다. 하지만 이렇게 말하기는 쉬워도 어떤 방식으로 그렇게 되는지 알아내기란 어렵다.

역사상 가장 위대한 과학자들이
'모든 것에 대한 이론'을
발전시키고자 애썼지만
실패로 돌아갔다.

인류의 진화

인류의 진화
용어

가설 hypothesis 자연에서 관찰되는 현상을 설명하는 일련의 과학적 아이디어. 가설은 아직 사실이라고 증명되지 않은 상태이고 실험을 통해 충분히 검증되면 이론으로 업그레이드된다. 그리고 다른 이론이 등장해 기존 이론을 파훼하기 전까지는 그 이론은 참이라고 여겨진다. 이론을 활용해 새로운 가설을 세우고 진리를 찾는 것이 과학자들의 일이다.

무신론자 atheist 신의 존재를 전혀 믿지 않는 사람. 신이 존재하는지 아닌지 알 수 없다는 불가지론자의 입장과는 조금 다르다.

생태학 ecology 야생 생물의 군집을 연구하는 분야다. 생태학자는 식량 공급, 날씨, 다른 모든 동식물을 비롯해 그 생물과 서식지를 공유하는 다양한 다른 생명체의 활동처럼, 어떤 생물의 생존에 영향을 미치는 요소를 놓고 유기체가 살아가는 방식을 살핀다. 생태학은 같은 종의 구성원이 자원을 통제하려고 경쟁하거나 협력하면서 서로 관계를 맺는 방식을 설명할 수 있다. 그뿐 아니라 서로 다른 종 사이의 관계를 파악해 '생태계'라는 모델을 만든다.

심리학 psychology 인간의 마음을 과학적으로 연구한다. 보다 주관적 분야인 정신분석학과 혼동해서는 안 된다.

아미노산 amino acid 탄소, 수소, 산소, 질소 원자로 이루어진 화학물질로 단백질을 구성하는 구성 요소다. 아미노산은 긴 사슬 모양으로 배열돼 있으며, 이 사슬은 저절로 얽혀 일정한 모양의 단백질을 이룬다. 단백질은 흔히 근육을 구성하는 성분으로 묘사되지만 생명체 속 기계장치와 같은 성분이다. 세포는 수많은 단백질을 활용해 우리를 살아 있게 하는 화학물질을 생산하고 가공한다.

영역성 territoriality 특정 지역이나 영역을 통제하려는 동물의 습성을 말한다. 이들은 자기 영역에서 식량과 은신처를 찾는다.

유전학 genetics 유전자라는 용어는 크게 두 가지로 정의된다. 첫째, 유전자는 유전의 단위다. 이 정의는 아마도 오늘날 사용되는 유전자 개념과 가장 관련이 있을 것이다. 어떤 사람이 빨간 머리칼 유전자를 가졌다고 말할 때, 우리는 그 사람이 부모로부터 그 특성을 물려받아 자녀에게 물려줄 것이라고 이해한다. 하지만 이 정의는 어떤 물리적 요소가 그 사람에게 빨간색 머리칼을 발현하는 원인인지는 별로 말해주지 않는다. 그에 따라 필요한 유전자의 두 번째 정의는 그것이 'DNA 가닥'이라는 것이다. DNA란 생물체의 청사진을 암호로 만들어 전달하는 복잡한 화학물질이다. 유전자는 이 DNA의 한 부분으로, 살아 있는 세포에서 어떤 일을 하라고 기록된 암호를 실어 나른다. 유전학자는 이 두 가지 정의 사이의 관계를 확인하는 일을 한다. 어떤 DNA 조각이 어떤 특성으로 변환되는지를 측정하면 그렇게 할 수 있다.

이타주의 altruism 이기주의의 반대말이다. 인간 사회는 장기적으로 모든 이의 삶을 더 좋게 만들고자 자선 사업 같은 이타적 행동을 장려한다. 동물들 또한 이타주의 행동을 하는 것처럼 보인다. 미어캣은 주변에 그들을 공격할 위험 요인이 없는지 동료에게 경고하고자 차례로 보초를 선다. 늑대는 서로의 새끼를 돌보고, 사자는 팀을 이루어 사냥한 다음 자기 먹이를 무리 전체와 나눈다. 진화론에 따르면 동물이 이처럼 이타적인 행동을 하면 장기적인 관점에서 유전자가 이득을 본다.

추상적인 abstrac 상상력과 지성에 관련된 무언가를 말한다. 인간은 대상을 직접 만지거나 경험할 수 없어도 말을 사용해 추상적인 개념을 공유할 수 있다.

포자 spore 씨앗처럼 생긴 작은 구조물로, 완전한 크기의 성체로 성장하거나 세균이 그렇듯 증식해서 단세포 생물의 군락이 될 수 있다. 특정한 세균은 가장 강력한 살균제가 아니면 침습할 수 없는 단단한 껍데기로 내부를 둘러싸는 포자 단계를 거친다. 포자를 생산하는 생물로는 균류, 양치식물, 촌충 같은 몇몇 기생 동물이 있다. 이들은 단단한 포자 모양의 낭포 같은 알을 낳는다.

프리바이오틱 화학물질 prebiotic chemicals 지구 생명체가 존재하기 전에 있었던 물질이다. 생명은 여러 종류의 화학물질을 바탕으로 삼아 존재한다. 그중 어떤 것은 복잡하지만 설탕이나 아미노산 같은 대부분은 비교적 단순하다. 이런 물질은 지구 밖 우주에서도 발견된다. 최초의 생물은 '원시 수프' 속에 들어 있던 '프리바이오틱 화학물질'을 사용했다고 여겨진다. 오늘날 유력한 이론은 이런 물질이 순전히 화학적인 과정에 의해 생겨났다고 추정한다. 하지만 우주에서 생겨나 지구에 왔을지도 모른다는 주장도 제기되고 있다.

호모 속 Homo 인간을 비롯해 인간과 가까운 동물 집단의 속(genus)이나 무리를 말한다. 오늘날 살아남은 인류는 한 종뿐이지만 과거에는 몇몇 다른 종이 존재했다. 여기에는 '손재주 있는 사람'을 뜻하는 호모 하빌리스와 '똑바로 선 사람'을 뜻하는 호모 에렉투스가 포함된다. 우리 인류를 가리키는 학명인 호모 사피엔스는 '현명한 사람'이라는 뜻이다.

범종설
30초 이론

3초 요약
지구상의 생명체는 어쩌면 바깥 우주에서 날아온 포자에서 자라났는지도 모른다.

3분 통찰
1960년대에 천문학자 토머스 골드는 우주여행을 하는 외계 탐험가가 지구를 방문했다가 실수로 오염 물질을 남겼을지도 모른다고 제안했다. 지구에 소풍을 왔다가 자기도 모르게 간식 부스러기를 남기는 식으로 말이다. 과학자 칼 세이건은 "오랜 옛날 쿠키 부스러기에 살던 어떤 미생물이 우리 모두의 조상일 수도 있다"고 지적했다.

스웨덴의 과학자 스반테 아레니우스가 지금으로부터 한 세기 전에 제안한 바에 따르면, 생명체는 포자 형태로 우주 공간에서 살아남아 한 행성계에서 다른 행성계로 퍼질 수 있다. 아레니우스는 이 포자가 한 행성의 대기에서 무작위로 탈출해 항성의 빛이 가하는, 약하지만 지속적인 복사압에 의해 성간 공간 전체로 퍼진다고 했다. 이 내용을 조금 변형해 포자를 지능적인 존재가 의도적으로 퍼뜨릴 수 있다고 제안한 사람도 있다. 이 이론은 '의도된 범종설'이라고 부른다.

범종설의 보다 현대적 버전은 성간 구름에서 관찰되는 프리바이오틱 화학물질에서 시작된다. 아미노산 같은 이러한 원료 물질의 일부가 초기 지구에 떨어져 생명이 시작된 것은 거의 확실해 보인다. 지금은 세상을 떠난 프레드 호일을 비롯해 찬드라 위크라마싱헤를 포함한 일부 연구자들은 복잡한 유기물뿐만 아니라 세균 같은 완전한 생명체도 우주 공간의 먼지 알갱이 표면에서 진화한 후 혜성이 지구에 떨어지는 과정에서 지구로 옮겨졌을 가능성이 있다고 주장했다. 그뿐만 아니라, 한 행성의 암석이 다른 천체와 충돌해 우주 공간으로 날아가서 다른 행성으로 이동하는 '발사에 의한 범종설' 가능성도 있다. 예를 들어 화성 표면에서 온 운석이 지구에서 발견되었다는 사실은 우리가 심지어 화성 생명체의 후손일지도 모른다는 것을 의미한다.

관련 이론
다음 페이지를 참고하라
자연 선택 58쪽
인본 원리 122쪽

3초 인물
스반테 아레니우스(1859~1912)
프레드 호일(1915~2001)
찬드라 위크라마싱헤(1939~)

30초 저자
존 그리빈

생명체는 바깥 우주에서 지구에 떨어진 걸까? 반대로 지구에서 날아간 포자가 다른 외계에 생명체를 퍼뜨렸을까?

범종설은 씨앗이 바람에
흩날리는 것처럼,
깊은 우주 공간을 떠다니며
암석 위에 형성된 화학물질이
지구에 도착해 생명의 씨를
뿌렸다는 주장이다.

자연 선택

30초 이론

관련 이론
다음 페이지를 참고하라
이기적 유전자 60쪽
밈 이론 144쪽

3초 요약
생명체는 그들이 살아가는
주변 환경에 의해 모양이
결정된다. 돌고래가 상어와
닮았고 낙타와 닮지 않은 건
그런 이유에서다.

3분 통찰
자연 선택 이론은 찰스
다윈과 앨프리드 월리스가
각각 독립적으로 고안했다.
하지만 그 생각을 책으로
정리해 1859년에 최초로
출판한 사람은 다윈이었다.
이 책은 생물학뿐 아니라
인류의 사고에 혁명을
일으켰다. 전통적인 창조
이야기를 무너뜨리고 그에
따라 신의 존재를 약화했기
때문이다. 오늘날 진화
생물학은 유전자 수준에서
연구된다. 생물의 모든
형태와 기능, 행동은 이제
'이기적 유전자'의 관점에서
설명할 수 있다. 그에 따르면
생명체의 유일한 목적은
유전자의 사본을 훨씬 더
많이 만드는 것이다.

목이나 귀가 세균에 감염되면 그 부위가 아팠다
가 몸의 나머지로 퍼져나간다. 이런 병증을 치료
하는 데 항생제가 사용된다. 소량의 항생제는 세
균이 번식하는 대부분의 방식을 방해하기 때문
에 감염은 거의 완전히 사라진다. 하지만 며칠이
지나면 감염이 도질 수 있다. 항생제에 내성을 가
진 세균이 항생제로 제거된 세균의 자리를 대신
하면 그런 일이 생긴다. 약물에 취약한 세균에서
약물에 내성을 가진 세균 집단으로 변화한 것은
자연 선택이 특히 빠르게 작용한 사례다. 약물 내
성은 다음 세대의 세균에 전해지고, 결국 개체군
의 모든 구성원이 이 특성을 공유하기에 이른다.
이 과정은 자손이 번식할 때 자기 특성을 물려주
는 모든 개체에서 일어난다. 하지만 중요한 사실
은 이 과정에서 일어나는 실수가 각각의 자손에
아주 조금 독특한 개성을 부여한다는 점이다. 세
균에 감염된 환자 내에서는 약물에 내성을 가진
세균이 약물에 영향을 받는 세균보다 더 잘 번식
한다.

진화에 따른 변화는 원래 훨씬 더 오래 걸리지
만, 세균 집단을 바꾸는 이런 과정이 지구상에서
3500만 년 넘게 이어지는 생명체의 진화를 설명
하기도 한다. 자연 선택은 생명체가 다른 서식지
에 적응해 생존하는 것을 보장하고, 주변의 지배
적인 조건이 변화해도 계속 진화를 이어가도록
한다.

3초 인물
찰스 다윈(1809~1882)
앨프리드 월러스(1823~1913)

30초 저자
마크 리들리

*자연 선택 이론에 따르면
생물 종들은 환경이 주는
도전 과제를 극복하려고
진화한다.*

58

자연 선택에 의한 진화론은
종교를 한방 먹이는 녹아웃 펀치다.
예전에는 조물주가 존재해야만
복잡한 유기체가 출현할 수 있다고
여겼지만 이 이론에 따르면
그럴 필요가 없다.

이기적 유전자

30초 이론

생물의 속성은 그 생물에 이득이 되는 듯하다. 고양이는 쥐를 사냥할 때, 감각기관(눈, 수염 등의), 근육, 발톱, 소화기관을 적재적소에 이용한다. 이것은 고양이가 하루 더 세상에 살아남도록 돕는다. 이러한 속성은 자연 선택에 의해 진화한다. 즉, 자연 선택은 개별 유기체에 이익이 되는 적응을 만들어내는 것처럼 보인다. 하지만 가끔 유기체는 이타적으로 행동하기도 한다. 한 개체가 다른 개체의 이익을 위해 자기를 희생하는 것이다. 이런 이타주의는 자연 선택에 위배되는 것처럼 여겨졌으며 이런 희생이 '종 전체의 이익을 위한 것'이라 설명되곤 했다. 하지만 전체 유기체의 수준에서 자연 선택을 설명하는 메커니즘은 전혀 발견되지 않았다. 이타적 행동은 그것이 유전자에 어떻게 이득이 되는지를 살펴볼 때 더 의미가 있다. 가까운 친족, 예를 들어 두 자매는 같은 유전자를 일부분 공유한다. 그렇기에 그중 한 사람은 다른 자매의 생존을 보장하려고 자기를 희생할 수도 있다. 물론 죽은 사람은 자신의 유전자를 후대에 물려줄 수 없지만, 자매와 공유하는 유전자는 여전히 존재하기 때문에 자매를 지키고자 죽는 것은 이 '이기적 유전자'에게 여전히 이득이 된다. 물론 생명을 희생하는 것은 이타주의의 극단적인 형태다. 대부분의 동물은 단지 주변의 위협을 경고하고 먹이를 나눠 친족의 생존 확률을 높이곤 한다. 하지만 벌집이 위협을 받을 때 꿀벌은 자살 방어를 한다. 벌들은 공격을 받아 죽을 테지만 여자 형제는 살아남을 것이다.

3초 요약
우리 모두는 단지 유전자를 실어 나르고 그 유전자의 사본을 가능한 많이 만들어 퍼뜨리려고 존재할 뿐이다.

3분 통찰
이기적 유전자 이론은 1976년 리처드 도킨스가 저술한 동명의 책을 통해 대중에 널리 퍼졌다. 이후 도킨스는 소리 높여 무신론을 주장해 많은 논란을 몰고 다녔다. 그는 종교를 비판하는 데 이기적 유전자 이론을 활용했다. 물론 유전자와 그것이 발현하는 특성 사이의 관계를 밝히는 데도 여러 해를 보내긴 했지만 말이다. 널리 알려진 믿음과 달리 자손이 부모에 의해 전적으로 결정되는 건 아니다. 대신 유전이 환경과 상호작용을 해야만 최종적으로 자연과 양육 사이의 균형점(종종 논쟁거리가 되는)에 이른다.

관련 이론
다음 페이지를 참고하라
자연 선택 58쪽
오컴의 면도날 142쪽
밈 이론 144쪽

3초 인물
리처드 도킨스(1941~)

30초 저자
마크 리들리

이기적 유전자 이론이 처음 등장한 것은 1960년대로 거슬러 올라간다. 하지만 19세기에 소설가 새뮤얼 버틀러가 이미 다음과 같이 이 이론을 요약한 바 있다. "닭이 먼저인가, 달걀이 먼저인가? 여기에 대해 생각해봐야 할 만한 사실이 있다. 닭은 단지 달걀을 하나 더 만들고자 달걀이 취하는 수단일 뿐이다."

기원전 20억 년

재료: 이기적 달걀.
낮은 온도의 인간 기계에 달걀을 넣고,
10억 년을 기다린다.

기원전 10억 년

자연의 균형을 잘 잡을 만큼
달걀이 이기적이 됐는지 확인한다.
그렇지 않은 것은 버린다.

0 bce

이기작 달걀이 아직
생존해 있는지 확인한다.

이기적 달걀을 확인한다.
이기적이지 않은
달걀은 버린다.

1000년

제공한다.

2000년

1809
영국 슈루즈버리에서 태어남

1825
에딘버러 대학에서
의학 공부를 시작함

1831
비글호를 타고 남아메리카와
태평양 일대를 탐험함

1839
왕립학회의 회원으로 선출됨

1842~1844
자연 선택을 주제로
여러 편의 글을 씀

1859
《종의 기원》을 출간함

1864
왕립학회에서 수여하는
최고의 영예인
코플리 메달을 받음

1882
영국 다운에서 사망함

찰스 다윈

직업적인 과학자라면 각자 좋아하는 인물이라든지 자신에게 특히 영감을 준 영웅이 있을 것이다. 하지만 그중에서도 세계 곳곳에서 살아가는 일반인의 시각을 바꾸어놓은 가장 큰 과학적 업적을 남긴 사람은, 자연 선택에 따른 진화론을 주장한 찰스 다윈이 틀림없다.

찰스 다윈은 1809년 영국의 명망가에서 태어났다. 다윈의 외할아버지는 품질 좋은 도자기를 대량으로 생산해 재산을 모은 조사이어 웨지우드였다. 그리고 다윈의 친할아버지는 술을 즐겨 마시는 의사이자 시인인 에라스무스 다윈이었는데 그는 1790년대에 진화에 대한 책을 직접 저술한 바 있었다. 에라스무스는 이 책에서 동물은 주변 환경의 직접적인 영향을 받아 자신의 형태를 바꾼다고 제안했다. 이 개념을 나중에 장 밥티스트 라마르크가 더욱 발전시켰고 오늘날에는 주로 '라마르크주의'라는 이름으로 불린다.

찰스 다윈은 16세에 의학을 공부하러 에딘버러 대학으로 갔다. 그리고 이곳에서 다윈은 라마르크주의를 비롯해, 지구가 사람들이 생각했던 것보다 훨씬 더 오래되었다고 주장하는 지리학자 알렉산더 폰 훔볼트와 지질학자 찰스 라이엘의 연구에 매료되었다.

1831년, 다윈은 남아메리카의 해안을 조사하러 항해를 떠나는 비글호에 합류하고자 돈을 지불했다. 여기서 18개월에 걸쳐 다윈이 관찰한 결과는 그가 자연 선택에 따른 진화론을 정립하도록 이끌었다. 하지만 다윈은 1850년대 후반까지 그것을 발표하지 않고 비밀에 부쳤다. 그러던 1858년, 다윈은 이 주제에 대한 책을 저술하다가 동료 박물학자인 앨프리드 월리스로부터 한 통의 편지를 받았다. 이 편지에 따르면 월리스 역시 인도네시아에서 연구하는 동안 다윈과 비슷한 이론을 떠올렸다. 다윈은 여기에 자극을 받아 바로 다음 해에 자기 생각을 《종의 기원》이라는 책으로 출판했다. 이 책은 그야말로 과학계를 뒤흔들었다. 하지만 다윈은 자기 책에 대한 공개적인 논쟁에는 끼지 않았다. 논쟁을 다른 사람의 손에 맡긴 채, 다윈은 켄트에 있는 다운하우스 저택으로 물러났다. 이곳에서 다윈은 생물의 번식 전략과 감정의 기능에 대한 몇 권의 책을 더 썼다. 그리고 1882년에 다윈은 세상을 떠났다.

라마르크주의

30초 이론

살아 있는 모든 생물은 어떤 속성을 가지고 태어나며, 살아 있는 동안 다른 속성을 습득한다. 이렇게 후천적으로 얻은 속성 가운데는 얽은 자국이나 흉터 같은 몸의 변형, 운동으로 발달한 근육, 읽기 능력 같은 학습된 기술 등이 있다. 인류의 생각이 기록되기 시작할 무렵부터, 이러한 후천적인 속성의 일부가 다음 세대에 유전된다는 믿음이 널리 퍼져 있었다. 이 개념에 자주 인용되는 예는 근육이 발달한 대장장이가 힘센 자식을 낳는 경향이 있다는 것이다.

이런 사고 방식은 고대 그리스의 철학자 플라톤이 쓴 글에서도 찾아볼 수 있다. 이후 19세기에 프랑스의 생물학자 장 밥티스트 라마르크는 이런 후천적 유전을 다윈 이전의 '진화론'에 포함시켰다. 라마르크의 주장을 뒷받침하는 유명한 예는 기린에 관한 것이다. 여러 세대에 걸쳐 기린은 먹이를 먹고자 높이 있는 나무까지 몸을 뻗었을 테고 목이 조금씩 늘어났다. 이렇게 후천적으로 늘어난 각 개체의 목이 자손에게 유전된다면 시간이 지나면서 기린은 점점 더 긴 목을 갖도록 진화할 것이다. 생물학자들은 19세기까지도 후천적 특성이 유전된다고 믿었다. 후천적 특성이 유전된다는 이론에 라마르크의 이름이 붙은 것은 우연한 역사적 사건이지만 이후 그 이름은 계속 이어지고 있다.

3초 요약
근육을 키우는 보디빌더가 근육이 발달한 아이를 낳을까?

3분 통찰
20세기 들어 라마르크주의는 잘못된 과학의 대명사로 손꼽히곤 했다. 하지만 라마르크는 엄청난 오해를 받는 소수의 불행아 중 한 사람이다. 때로는 무언가를 지나치게 이른 시기에 말했다는 이유로 비판을 받는다. 오늘날 세포 분열 과정에 대한 새로운 연구에 따르면 비유전적인 요인이 유전자와 함께 모세포에서 자손으로 전달된다고 한다. 이러한 요인은 세포가 살아가는 동안 획득된 것일까? 그것들이 어떤 식으로든 자손 세포에 영향을 줄까? 우리는 오랜 시간이 지난 후에야 라마르크주의를 뒷받침하는 메커니즘을 발견한 것인지도 모른다.

관련 이론
다음 페이지를 참고하라
자연 선택 58쪽

3초 인물
플라톤(기원전 428/427~348/347)

장 밥티스트 라마르크 (1744~1829)

30초 저자
마크 리들리

뜯어먹을 풀이 충분하지 않다면 높이 달린 나뭇잎을 먹는 건 어떨까? 기린은 그렇게 하다가 목이 길어졌다. 단지 라마르크가 제안했던 방식에 따라 이런 일이 일어나지 않았을 뿐이다.

먹이를 얻으려면
몸을 쭉 펼쳐야 한다.
중간에 있는 기린은 더 노력해야
굶주림을 면할 수 있다.

늘어나는 목의 길이

1세대   2세대   3세대

인류의 아프리카 기원설

30초 이론

3초 요약
오늘날의 모든 인류는 지금으로부터 약 10만 년 전 아프리카에 살았던 한 조상의 후손이다.

3분 통찰
'인류의 아프리카 기원설'이 암시하는 바에 따르면 네안데르탈인은 오늘날 유럽인 가계도의 먼 곁가지에 불과하다. 비록 네안데르탈인은 약 20만 년 전부터 3만 년 전까지 유럽을 지배했지만, 이들의 유전자 중 어떤 것도 오늘날 유럽인 개체군의 유전자에서 표현되지 못했다. 놀랍게도 땅속 깊이 얼어붙은 네안데르탈인의 화석에서 유전자가 추출된 적이 있기 때문에 이런 연구가 가능했다. 네안데르탈인의 유전자는 오늘날 인류에서 발견되는 유전자와 완전히 다르다. 다시 한번 유전학이 오랫동안 이어졌던 논쟁에 결정적인 답을 제공했다.

인류의 조상은 지금으로부터 약 600만 년 전에 다른 유인원에서 갈라져 나왔다. 그 이후로 약 200만 년 전까지 우리의 조상들은 모두 아프리카에 살았다. 그러다 호모 에렉투스라고 불리는 원시 인류가 아프리카에서 유럽과 아시아 같은 다른 지역으로 퍼지기 시작했다. 그렇게 약 3만 년 전까지, 유럽에서 네안데르탈인으로 알려진 호모 에렉투스와 그 후손은 세 대륙을 자치했다. 하지만 화석 증거에 따르면 오늘날의 인류는 특히 뇌의 형태가 이들 원시 인류와 다르다. 여기서 궁금한 점은 다음과 같다. 오늘날의 인류는 아프리카와 유라시아 전역에 걸쳐 살았던 원시 인류 종에서 진화한 것일까(이것을 '다지역 기원설'이라 부른다)? 아니면 아프리카에 살던 단일한 조상으로부터 진화했고, 이 조상이 순식간에 전 세계에 퍼져 기존의 토착 원시 인류를 전멸시켰던 걸까? 화석으로 얻을 수 있는 증거는 불확실했지만, 1980년대에 유전적 증거가 등장한다. 만약 다지역 기원설이 옳다면 오늘날 모든 인류의 유전자는 약 200만 년 전에 공통 조상을 가질 것이다. 사실 우리의 유전자는 차이가 거의 나지 않을 만큼 유사하다. 이 유사성의 정도로 보면 우리는 200만 년보다 훨씬 이후인 10만 년 전에 공통 조상을 가졌을 가능성이 크다. 이 시점부터 진화가 일어나 이후로 DNA에 약간의 변이가 더해졌을 뿐이다. 이 점을 포함해 지금까지의 모든 증거는 오늘날의 인류가 단일한 아프리카의 조상으로부터 비롯했다는 것을 드러낸다.

관련 이론
다음 페이지를 참고하라
사회생물학 68쪽
언어의 기원 70쪽
희귀한 지구 가설 110쪽

30초 저자
마크 리들리

유전학은 오늘날 생존하는 67억 인류 전부가 먼 옛날 아프리카에 살던 단 수천 명의 후손이라는 사실을 증명한다.

여러분이 어디 출신이든,
우리는 모두 원래
아프리카 사람이었다.

사회생물학

30초 이론

관련 이론
다음 페이지를 참고하라
언어의 기원 70쪽

'사회생물학'이라는 단어가 대중의 의식에 스며든 것은 1975년 하버드 대학의 생물학자 에드워드 윌슨이 같은 제목의 책을 내놓으면서부터였다. 윌슨이 정의한 바에 따르면 사회생물학은 온갖 사회적 행동에 대한 생물학적인 연구다. 이것은 다음과 같은 여러 질문의 답을 찾는, 막 떠오르는 생물학 분야다. 왜 수컷과 암컷은 다를까? 몇몇 종은 일부일처제이지만 다른 종은 확실히 그렇지 않은 이유는 무엇일까? 동물 사회는 왜 지금과 같은 방식으로 이루어졌을까? 예를 들어 침팬지 무리는 서로 친척인 수컷들로 구성되며 젊은 암컷은 집을 떠나는 반면, 개코원숭이는 젊은 수컷이 먼저 자기 가족을 떠난다. 그뿐만 아니라 사회생물학은 협력과 이타성, 영역성을 비롯해, 어떤 종은 큰 무리를 지어 살지만 다른 종은 외톨이로 살아가는 이유도 다룬다.

하지만 윌슨은 여기에서 한 걸음 더 나아갔다. 방대한 저서의 마지막 장에서 윌슨은 인간의 사회적 행동을 생물학적으로 설명했다. 그리고 이 부분은 자신의 정치적 견해가 위협받고 있다고 여기는 사람들의 반대를 촉발했다. 이처럼 원래 동물의 행동에 뿌리를 두고 있음에도, 대중적인 논의에서 '사회생물학'이라고 하면 보통 인간의 사회적 행동에 대한 생물학적 설명을 가리키곤 한다.

3초 요약
종교적인 극단주의에서부터 남성이 길을 잃어도 방향을 묻지 않으려 하는 성향에 이르기까지, 모든 것은 생물학에 바탕을 둔다.

3분 통찰
사회생물학이라는 용어는 인간 사회의 복잡성을 설명하려는 생물학자들의 시도와 관련이 있다. 하지만 인간이 아닌 동물의 사회적 행동도 생물학자들은 계속 연구해 왔다. 이들은 사회생물학이라는 윌슨의 용어 대신 스스로 행동 생태학자라고 칭한다. 이와 비슷하게, 인간의 사회적 설명에 대한 생물학, 특히 진화론적 설명에 대한 논의도 계속 이어지고 있다. 사람들은 이런 주제를 진화심리학이라고 부르곤 한다.

3초 인물
에드워드 윌슨(1929~2021)

30초 저자
마크 리들리

인간 사회가 사회생물학의 정점이라고 여긴다면 다시 생각해보라. 꿀벌이나 개미를 비롯해 다른 사회적 곤충도 큰 무리를 지어 살아가지만 그 이유는 매우 다르다.

이 벌집에 사는 벌은
모두 자기 어머니인 여왕벌을
위해 일하는 자매들이다.
이들이 존재하는 이유는
자신의 어린 자매들을
돌보는 것인데, 좀 더 정확히
말하자면 여왕벌의 딸들을
보살피는 것이다.

언어의 기원

30초 이론

인간 언어의 기원을 다루는 핵심은 문법이다. 인간이 아닌 많은 동물도 의사소통에 사용하는 풍부한 기호 체계가 있지만, 문법이라 할 만한 종속절과 법, 격, 전치사는 없다. 인간의 언어가 표현할 수 있는 내용은 무한하며 단순히 지시를 내리는 기호뿐 아니라 추상적인 가능성을 토론하고 떠올리는 데에도 사용된다. 이런 문법을 갖춘 언어는 언제부터 시작됐을까? 여기에 요구되는 주된 변화는 인류 조상의 뇌에 탑재된 소프트웨어에 있지만 이것을 직접 연구하기란 불가능하다. 하지만 그 대신 두 가지 간접적인 증거가 있다. 하나는 인류의 뇌가 오늘날과 같은 방식으로 작동하기 시작한 시점이다. 이 시기는 아마 지금으로부터 10만 년보다 조금 더 이전일 테고, 그 뇌의 주인은 아프리카에서 퍼져 나와 '호모 사피엔스'라 불리는 수다쟁이 유인원(바로 우리다)을 탄생시켰다. 이들의 뇌는 해부학적으로 우리와 동일했는데, 그것은 언어적 능력이 우리와 같다는 사실을 암시한다. 하지만 단순한 해부학적 구조가 아닌, 뇌를 활용하는 방법에 따른 핵심적인 변화는 아마도 더 나중에 생겼을 것이다. 고고학적인 증거에 따르면 약 3만 년 전이 도구나 동굴 그림을 비롯한 여러 유물이 풍부해지고 예술성이 높아지는 폭발적인 시기였다. 아마도 이 시기에 내면의 생각과 계획, 개념을 서로 나누는 도구인, 우리가 지금 알고 있는 언어가 시작되었을 것이다.

3초 요약
인류가 서로를 향해 으르렁대기를 멈추고 교양 있는 대화를 시작한 건 정확히 언제부터일까?

3분 통찰
또 다른 증거는 최근에야 밝혀졌다. 바로 유전학적 증거다. 언어가 발달하던 초창기에 의사소통과 관련된 뇌 부분을 형성하는 유전자에 변화가 일어났을 것이다. 어쩌면 이 유전자를 구체적으로 확인해서 그 유전자가 급격하게 변화했던 시기를 집어낼 수 있을지도 모른다. 그러한 유전자 중 하나인 FOXP2는 언어 능력과 관련이 있다. 이 유전자가 나타난 시점은 지금으로부터 약 12만 년 전이다. 이런 '언어 유전자'가 더 많이 발견되면 우리 인류가 언어를 배우기 시작한 시점을 보다 더 정확히 알아낼 수 있을 것이다.

관련 이론
다음 페이지를 참고하라
인류의 아프리카 기원설 66쪽
사회생물학 68쪽
희귀한 지구 가설 110쪽

30초 저자
마크 리들리

인간과 짐승을 구별하는 것은 언어다. 오직 인간만이 마음에 무엇을 담고 있는지 표현할 수 있다. 무슨 말을 하면 될지 고민하기만 하면 된다.

같은 단어를 아주 다양한
방식으로 말할 수 있을 만큼
커다란 두뇌를 지닌 동물은
오직 인간뿐이다.

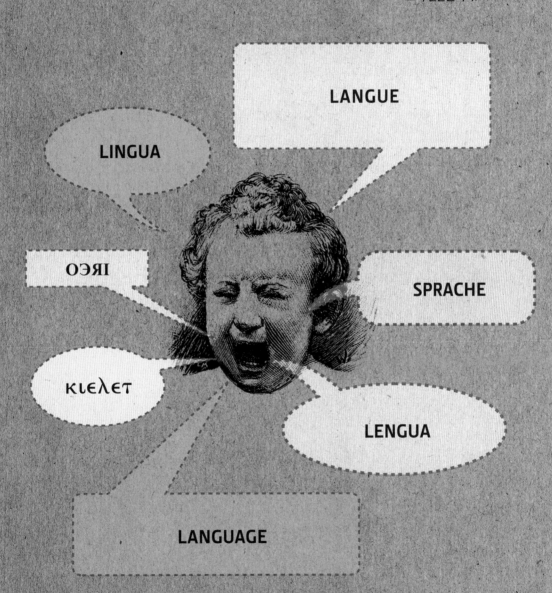

몸과 마음

몸과 마음
용어

가설 hypothesis 자연에서 관찰되는 현상을 설명하는 일련의 과학적 아이디어. 가설은 아직 사실이라고 증명되지 않은 상태이고 실험을 통해 충분히 검증되면 이론으로 업그레이드된다. 그리고 다른 이론이 등장해 기존 이론을 파훼하기 전까지는 그 이론은 참이라고 여겨진다. 이론을 활용해 새로운 가설을 세우고 진리를 찾는 것이 과학자들의 일이다.

감각 피질 sensory cortex 시각, 청각, 촉각처럼 신체 감각에서 비롯한 정보를 처리하는 전 뇌의 한 부분이다. 감각 신호를 전달하는 신경 연결망을 통해 정보가 전달된다. 반면 운동 반응, 즉 몸의 움직임은 별개의 피질에 명령을 받아 일어난다.

결정된 determined 어떤 행동이 이미 정해진 규칙으로 완전히 통제되는 것을 말한다. 본능이란 '결정된' 행동이라 표현할 수 있다. 하지만 인간의 행동은 대부분 결정된 게 아니라 사고, 즉 인지 작용의 결과물이라 여겨진다.

동종 요법 homoeopathy 아주 적은 양의 유효 성분을 이용해 질병을 치료하려는 대체의학의 한 분야. 이때 치료제는 매우 농축된 물질을 물에 희석해 만든다. 동종 요법의 지지자들은 이 초기의 고농도 성분이 물을 '활성화'해 의학적인 가치를 부여한다고 믿는다. 하지만 이런 치료제 가운데 일부는 성분이 너무 희석된 나머지 1회 투여량에 유효성분의 분자가 단 하나도 없을 때가 있다.

신경과학 neuroscience 뇌와 신경계의 여러 부분의 기능을 연구하는 분야다. 이 분야에서는 신경계의 해부학과 생화학적 특징에 초점을 맞추고 이런 요소를 심리학과 연관시킨다.

신경증의 neurotic 신경증이라는 정서 장애와 관련된 것을 말한다. 신경증은 성격 장애나 현실관을 왜곡시키는 정신병과는 차이가 있다. 보통 신경증은 환자의 얼굴에 무의식적인 몸의 경련인 틱을 유발하곤 한다.

심리학 psychology 인간의 마음에 대한 과학적 연구를 말한다. 보다 주관적인 분야인 정신분석학과 혼동해서는 안 된다.

언어학 linguistics 언어를 연구하는 학문이다. 언어학자들은 구문(문장 구조), 문법(언어의 규칙), 발음을 연구한다. 그 결과 언어학자들은 언어를 같은 부류끼리 묶어 시간이 지남에 따라 어떻게 변했는지 알아낼 수 있다. 이 연구는 선사시대 동안 전 세계 인류가 어떻게 이동했는지에도 통찰력을 제공한다.

유전자 gene 이 단어는 꽤 다른 두 가지 주된 정의가 있다. 첫 번째는 유전자가 유전의 단위라는 것이다. 이 정의는 오늘날 통용되는 가장 인기 있는 유전자의 개념과 관련이 깊다. 누군가 파란 눈의 유전자가 있다고 말하면, 우리 모두는 그 사람이 부모로부터 그 특성을 물려받았다는 의미로 이해한다. 하지만 이 정의는 그 사람의 눈을 파랗게 하는 물리적인 요인이 무엇인지 우리에게 말해주는 바가 적다. 이 질문에 답할 수 있는 것이 유전자에 대한 두 번째 정의다. 한 가닥의 DNA가 바로 유전자라는 것이다. DNA는 생물체의 암호화된 청사진을 실어 나르는 복잡한 화학물질이다. 유전자는 이 DNA의 한 부분으로서, 살아 있는 세포의 어떤 기능을 담당할 부분으로 번역될 암호 꾸러미를 운반한다.

유토피아 utopian 시민이 모두를 위한 평화와 정의를 지켜야 한다는 엄격한 규칙을 따르는, 완벽한 사회를 말한다.

인공 지능 artificial inteligence 인간처럼 스스로 배우고 생각할 수 있도록, 지능의 기초를 이루는 과정을 분석해 컴퓨터로 프로그래밍하려는 컴퓨터 과학의 한 분야다.

조건화 conditioning 어떤 특정한 행동이 자극이나 신호와 관련 맺는 것을 일컫는다. 올바른 행동에는 보상이 이뤄지고 잘못된 반응에는 처벌이 이루어져 연결이 강화된다. 가장 유명한 예는 파블로프의 개 실험이다.

패러다임 paradime 어떤 주제에 대한 관점의 바탕을 이루는 가정과 개념들로 이루어진 거대한 아이디어를 말한다. 새로운 발견이 이루어져 모든 사람의 세계관이 바뀌었을 때 '패러다임의 변화'가 일어났다고 말한다. 지구가 편평한 것이 아니라 둥글다는 사실이 발견되었을 때가 그런 예이다.

프로이트의 말실수 Freudian slip 지그문트 프로이트는 사람은 때때로 말실수에서 억압된 진짜 속내가 드러난다고 한다. 전형적인 프로이트의 말실수는 남자가 아내를 '엄마'라고 부르는 것처럼 개인적인 인간관계에 대한 것이다.

학습이론 learning theory 행동주의의 한 분야로 사람들이 자신의 경험에 따라 행동 패턴과 신념을 어떻게 변화시키는지를 설명한다. 이 분야의 주류 이론은 사람들이 자신의 현재와 과거의 경험, 또는 주변 사람의 경험에 맞춰 끊임없이 자신이 가진 동기를 형성하고 바꾸어 나간다는 '구성주의'다.

정신분석학

30초 이론

한쪽 어깨에는 악마를 올리고 다른 한쪽에는 천사를 올린 인물을 보여주는 만화와는 달리, 지그문트 프로이트의 정신분석학 이론은 인간의 마음 자체가 분열돼 있다고 제안한다. 우리의 '자아'는 도덕을 중시하는 '초자아'의 요구와 도저히 채워지지 않은 욕구를 가진 동물적인 '이드' 사이에서 균형을 맞추고자 끊임없이 고군분투한다. 이러한 갈등의 상당수가 무의식 수준에서 흘러넘쳐 신경증적인 틱이나 '프로이트의 말실수'로 나타난다는 것이 정신분석학의 핵심 이론이다. 성적 요소는 이 이론에서 큰 역할을 한다. 특히 프로이트는 심리적인 갈등의 공통적 근원이 어린 시절의 성적인 환상에 있다고 믿었다. 가장 악명 높은 예가 바로 오이디푸스 콤플렉스다. 아이가 이성 부모를 욕망의 대상으로 삼고 동성 부모를 질투해 그들이 죽음에 이르기를 바란다는 내용이기 때문이다. 여러분은 그런 욕망이 있다는 사실을 부인할지도 모른다. 하지만 그러다가는 프로이트가 인간의 방어 메커니즘이라고 말한 '억압'의 완벽한 예가 될 수도 있다. 프로이트에 따르면 사람들은 스스로 용납할 수 없는 욕망을 억제하고자 이 기제를 사용한다. 이러한 정신적인 묘책은 단기적으로 체면을 세워주지만, 궁극적으로는 불안정에 빠뜨려 정신분석가가 필요하도록 만들지도 모른다.

3초 요약
지그문트 프로이트에 따르면 모두의 내면에 있는 성에 굶주린 짐승을 길들이다가 우리 자신이 미쳐버릴 수도 있다.

3분 통찰
정신분석학은 그 주장을 검증할 수 없다는 비판이 따른다. 프로이트가 자신의 연구가 과학이라고 주장하지만 않았다면 이 점은 덜 중요했을 것이다. 비록 오늘날 정신분석학에 따른 심리치료는 구식이 되었지만, 프로이트가 내놓은 여러 개념을 뒷받침하는 연구들이 속속 등장하고 있다. 예를 들어 오리건 대학의 한 연구는 억압 체계가 실제로 존재한다는 사실을 보여주었다. 연구자들에 따르면 의도적으로 잊은 기억은 미래에 상기될 가능성이 낮다.

관련 이론
다음 페이지를 참고하라
사회생물학 68쪽
행동주의 78쪽
인지심리학 80쪽

3초 인물
지그문트 프로이트(1856~1939)

30초 저자
폴 루카스

로르샤흐 검사라고도 하는 잉크 얼룩 검사는 정신분석학자들이 사용하는 도구다. 환자들은 자신이 그 얼룩에서 어떤 모양을 보는지 설명하고, 그 과정에서 자신들의 억압된 감정을 드러낸다. 아무리 봐도 잉크 얼룩만 보일 뿐이라면 어쩌면 여러분은 엄청난 곤란을 겪고 있는지도 모른다.

여러분 내면의 심연을
들여다보라. 누가 여러분을
마주 보고 있는가?

행동주의

30초 이론

행동주의는 반세기 동안 심리학을 지배했다. 비록 마음이나 의식이라는 개념 전체를 제거하고 감정이나 생각, 욕망을 고려하지도 않았지만 말이다. 그 대신 행동주의는 실험실에서 측정할 수 있는 행동에만 초점을 맞췄다. 행동주의는 1913년 미국의 심리학자 존 B. 왓슨이 인간의 학습 과정도 파블로프의 개처럼 연구할 수 있다고 주장하면서 시작했다. 이반 파블로프는 종소리를 먹이를 주는 것과 짝지어 개가 종소리만 듣고도 침을 흘리도록 조건화한 실험을 고안해 유명해졌다. 왓슨은 어린아이 역시 적절한 조건화를 활용해 특정 종류의 사람으로 바꿀 수 있다고 주장했다. 또 다른 미국의 심리학자 B. F. 스키너는 쥐나 비둘기가 어떤 행동에는 보상을 받고 어떤 행동에는 벌을 받는 과정을 거쳐 레버를 누르거나 미로에서 길을 찾고 특정 색깔의 물건을 쪼도록 배울 수 있다는 '조작적 조건화'를 고안했다. 이 원리를 바탕으로 '비둘기 유도 미사일'이 성공적으로 개발됐지만 실제로 사용되지는 않았다. 또한 스키너는 보상이 처벌보다 훨씬 더 효과적이라는 사실을 발견했는데 이는 부모나 교사들이 명심해야 할 중요한 원칙이다. 이처럼 스키너는 우리의 모든 행동이 외부 요인에 의해 결정된다고 주장하며 '급진적 행동주의' 학파를 만들었고, 모든 시민을 조건화하는 유토피아 사회를 꿈꿨다. 오늘날 행동주의는 실험 심리학 분야에서 더 이상 주류가 아니지만, 여기서 비롯한 학습이론은 여전히 교육과 치료에 널리 적용되고 있다.

관련 이론
다음 페이지를 참고하라
사회생물학 68쪽
인지심리학 80쪽

3초 인물
존 B. 왓슨(1878~1958)
B. F. 스키너(1904~1990)

30초 저자
수 블랙모어

3초 요약
심리학은 측정과 시험 대상이 되는 행동만을 다루어야 한다. 마음이나 의식은 말도 꺼내지 말라. 그것은 비과학적인 환상에 불과하다.

3분 통찰
행동주의는 심리학을 과학으로 탈바꿈시켜 그 이전에 존재했던 프로이트의 정신분석학적 추론에서 한 발자국 더 나아갔다. 행동주의는 1960년대 들어 두 가지 이유로 인기를 잃었다. 첫째, 행동주의에 기초한 실험으로는 도저히 측정할 수 없는 일들이 우리의 머릿속에서 일어난다. 심지어 쥐와 비둘기조차 주변 환경에 대한 감정과 의도, 정신적 모형을 가진다. 둘째, 쥐의 지능과 성격에서 많은 부분은 학습된 것이 아니라 유전된다. 그렇기에 인간 본성을 이해하려는 진화심리학이 필요하다.

행동주의는 사람들이 좋은 일이든, 나쁜 일이든 자신의 경험을 통해 어떻게 학습하는지를 설명하려 했다.

우리의 행동은 단지 보상과
처벌에 대한 반응에 지나지
않을까? '그렇다'라고
응답하고 보상을 받아라!

인지심리학

30초 이론

관련 이론
다음 페이지를 참고하라
플라세보 효과 90쪽

3초 인물
율릭 나이서(1928~2012)

30초 저자
수 블랙모어

3초 요약
인간의 뇌는 거대한 생물학적 컴퓨터의 하드웨어이고 마음은 소프트웨어라 할 수 있다. 우리가 하는 모든 일은 정보 처리 과정이다.

3분 통찰
인지심리학은 대단한 성공을 거뒀고, 20세기 말이 되자 심리학 분야의 연구자들 대부분 스스로 '인지심리학자'라고 칭하기 시작했다. 하지만 이 이론은 뇌가 세상의 복잡한 표상을 구축함으로써 작동한다는 관념에 의존한다. 이처럼 뇌를 과도하게 강조하는 인지심리학 이론은, 이제 우리 몸의 나머지 부분이 주변 세계와 역동적으로 상호작용한다는 사실을 훨씬 더 많이 고려하는 '능동적인' 이론에 자리를 내주기 시작했다.

인지심리학은 인간을 하나의 정보 처리 시스템으로 취급하며, 우리가 어떻게 사고하고, 인지하고, 학습하고, 기억하는지를 연구한다. 인지를 뜻하는 cognitive는 '생각하다'를 의미하는 라틴어 단어에서 비롯했는데, '인지심리학'이라는 단어는 1967년에 율릭 나이서가 처음 만들었다. 이것은 정신적 과정에 대한 연구를 모조리 거부했던 당대의 주류 이론인 행동주의에서 벗어난, 흥미로운 변화였다. 새롭게 부상한 인지심리학은 인간 내면의 정신적 사건을 연구했고, 빠르게 발전하는 인공 지능에 관한 과학 지식을 활용했다. 이 새로운 관점에서 보면 마음은 소프트웨어에, 뇌는 생물학적 컴퓨터의 하드웨어에 빗댈 수 있다. 인간의 행동과 결정, 사고는 감각이라는 입력 데이터에 의존해서 이루어지는 수많은 형태의 정보 처리 결과다. 예를 들어 뇌의 시각 체계에 대한 연구는 눈을 통해 들어오는 정보가 눈, 중뇌, 감각 피질의 세포층에 의해 처리되며, 사물을 인식하거나 행동과 말을 통제하는 뇌의 영역을 거친다는 사실을 밝혔다. 20세기 후반 들어 인지심리학은 극적으로 세를 불려 심리학의 지배적인 패러다임으로 거듭났다. 오늘날에는 신경과학과 언어학, 철학 역시 인지과학이라는 다학제적 분과의 일부가 되었다.

뇌와 컴퓨터는 어떤 점에서 다를까? 인지심리학자에 따르면 둘은 별 차이가 없다. 뇌는 정보 처리 장치의 하나이기 때문이다.

뇌가 컴퓨터라면,
인지심리학자가 뇌를 다시
프로그래밍할 수도
있을 것이다.

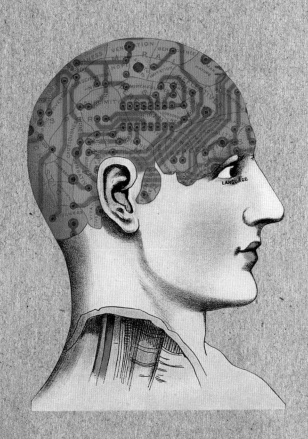

1856
오늘날 체코에 속하는
모라비아 프라이베르크에서
태어남

1873
오스트리아 빈 대학에서
의학을 공부하기 시작함

1885
파리 살페트리에르 병원에서
신경과 의사 장 마르탱
샤르코와 함께 근무함

1900
《꿈의 해석》을 출간함

1902
빈 대학 신경병리학 교수로
임명됨

1920
《쾌락원리의 저편》을 출간함

1938
나치 독일에 합병된
오스트리아를 떠남

1939
영국 런던에서 사망함

지그문트 프로이트

지그문트 프로이트는 최초의 정신분석학자였다. 다시 말해 그는 뇌의 작용보다 정신의 내용에 초점을 맞춰 정신질환을 치료하고자 한 사람이다. 비록 오늘날 프로이트의 이론은 한물간 구식으로 여겨지지만, 당시 그의 연구는 인류 문명의 전환점이 되었다. 프로이트는 인류 사회를 묘사하는 주제로 종교, 정치, 경제에 심리학을 덧붙여 지적 세계를 확장했다. 그가 태어난 곳은 지금은 체코 안에 자리하지만 당시에는 오스트리아 제국의 일부였던 프라이베르크다.

프로이트가 어린 시절의 인간관계가 얼마나 중요한지 숱하게 강조했던 만큼, 그의 개인적 삶을 들여다보는 것은 꽤 흥미로운 일이다. 논평가들에 따르면 프로이트는 아버지와 잘 지내지 못했다. 이복형제들은 프로이트에 비해 나이가 꽤 많아서 어린 시절 그가 가장 가깝게 지낸 사람은 조카 요한이었다. 젊은 시절의 요한과 프로이트 사이의 애증 관계는 그가 나중에 발전시킨 이론의 중심축을 이룬다.

이후 프로이트는 의사로서 필요한 훈련을 받았고 전문 분야는 뇌였다. 1885년 프로이트는 파리에서 몇 개월 지내는 동안 신경과 의사 장 마르탱 샤르코를 만났다. 정신질환자는 뇌 기능이 아니라 정신에 문제가 있을지도 모른다는 생각을 프로이트에게 소개한 사람이 샤르코였다. 그리고 같은 해 프로이트는 마사 베르네이스와 결혼했다. 하지만 이 시점은 그가 프로이센의 의사 빌헬름 플리스와 친밀한 우정을 쌓기 시작한 직후였다. 몇몇 사람들은 둘 사이 관계의 본질에 의문을 제기하면서 프로이트가 자신의 이론에 양성애적인 요소를 거듭 포함시켰음을 함께 지적하곤 한다.

프로이트는 1890년대에서 1900년대 사이에 정신분석학 연구를 본격적으로 시작했다. 프로이트의 말실수, 단어 연상, 초자아, 쾌락 원리, 남근 선망 같은 오늘날 잘 알려진 몇몇 개념을 창안한 것도 이 시기다. 그러다 말년에 접어들며 프로이트는 종교와 사회적 금기로 자신의 관심사를 돌렸다. 이후 1938년 오스트리아가 나치 치하에 들어가자 프로이트는 빈을 떠나기로 결심했고 이듬해 런던에서 세상을 뜬다.

유전 의학

30초 이론

3초 요약
우리의 유전자는 건강에 핵심적인 역할을 하지만 그 정보를 이용해 질병을 고치는 것은 생각보다 훨씬 어려운 문제다.

3분 통찰
생명의 여러 과정에 유전자를 중심에 두는 관점은 무척 순진한 생각이라는 사실이 점차 드러나고 있다. 그래서 약물을 연구하는 과학자들은 유전자가 단지 그 일부일 뿐이므로 생체 시스템에 대한 보다 정교한 관점을 채택해야 했다. '시스템 생물학'이라고 불리는 이 관점은 유전자, 세포, 기관, 유기체 전체의 상호 작용이라는 관점에서 질병 현상을 이해하고자 한다. 비록 이 관점은 유전자 중심 관점에 비해 굉장히 복잡하지만, 부작용이 훨씬 더 적은 약물이 등장하면서 이미 성과를 내는 중이다.

유전자는 생명의 가장 기본적인 기능을 결정한다. 유전자가 잘못되면 우리는 알츠하이머성 치매에서 암에 이르는 다양한 질병을 앓게 되고, 유전성 질병을 자손에게 물려주기도 한다. 유전 의학은 질병의 원인이 되는 유전자에 집중해, 비록 그것이 완전한 치료법은 아닐지라도 보다 나은 치료법을 찾고자 하는 접근 방식이다. 원리적으로는 무척 단순하다. 특정 질병을 일으키는 수상쩍은 유전자를 찾아서 그것을 얼른 제거하고 대신 새로운 유전자 사본을 꽂아 넣는 것이다. 꽤 오랫동안 유전 의학은 이런 식으로 묘사되었다. 하지만 현실은 훨씬 더 복잡하다는 사실이 드러났다. 낭포성 섬유증 같은 일부 유전성 질환은 결함 있는 유전자 때문에 생긴 것이지만, 암을 포함한 대부분의 질환은 여러 유전자가 복잡하게 상호작용을 펼친 결과물이다. 그렇기에 결함이 있는 유전자 하나만 수리한다는 것은 말도 안 되게 힘든 일이었고, 아무리 흔한 유전성 질환이라 해도 이런 방식으로 완치된 사람은 단 한 명도 없었다. 그보다 유전 의학은 유전자와 관련된 질병에 관련한 약을 개발하는 면에서 보다 성공을 거뒀다. 예를 들어 허셉틴(Herceptin, 유방암 유전자 치료제)은 특정 종류의 유방암에 관련된 유전자를 밝혀내는 과정에서 만들어졌다. 하지만 아무리 그렇다 해도 이런 약의 효과는 매우 제한적일 따름이다. 유전 의학이 금방 시들어버리는 또 다른 예인 셈이다.

관련 이론
다음 페이지를 참고하라
이기적 유전자 60쪽
증거 기반 의학 88쪽

3초 인물
빅터 매커식(1921~2008)

30초 저자
로버트 매슈스

유전자 치료는 언젠가 만병통치 요법이 될지도 모른다. 하지만 그 전에 먼저 유전학자들은 DNA 가닥이 어떻게 인체를 구성하게 되는지 정확히 이해해야 한다. 이것을 알면, 우리는 그 과정이 언제 잘못 틀어지는지도 알게 돼 문제를 고칠 수 있을 것이다.

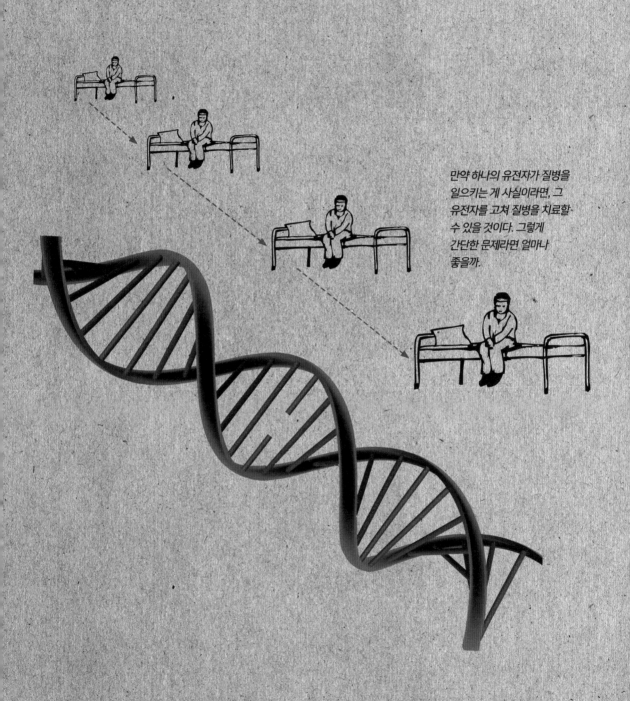

만약 하나의 유전자가 질병을
일으키는 게 사실이라면, 그
유전자를 고쳐 질병을 치료할
수 있을 것이다. 그렇게
간단한 문제라면 얼마나
좋을까.

대체 의학

30초 이론

대체 의학 옹호자는 이것이 말 그대로 주류 의학을 보완하고 대체한다고 생각한다. 이들은 침술에서 요가에 이르기까지 전통적인 의학과 함께 사용할 수 있는 치료를 대체 의학이라고 한다. 하지만 비판자는 대체 의학이 입증되지도 않은 터무니없는 요법을 고수하는 동안 전통적인 의학이 고된 일을 도맡는다고 이야기한다. 이런 주장에는 분명 일리가 있다. 통증이나 우울증처럼 대체 의학에 잘 반응하는 것처럼 보이는 많은 환자가 단지 그 치료를 받으면 나을 것이라는 강력한 플라세보 효과를 보였을 뿐이다. 플라세보 효과가 없었다면 대체 요법은 쓸모가 없었을 것이다. 이런 치료법을 검증할 과학적인 실험에서 긍정과 부정이 뒤섞인 결과를 보이기도 하지만, 이것은 상당수의 실험이 잘못 설계되었기 때문이다. 그럼에도 침술이나 명상 같은 특정한 종류의 대체 의학이 두통이나 목의 통증, 스트레스에 효과적이라는 증거가 존재한다는 점은 부정할 수 없다. 그리고 분명 이런 요법은 인기가 많고 대중적으로 널리 퍼져 있다. 여러 아시아 국가에서 오랫동안 이런 치료법을 활용했다. 예를 들어 일본인 가운데 75퍼센트는 정기적으로 이런 요법에 몸을 맡긴다. 이제 대체 의학은 서양에서도 점차 인기가 많아지는 중이다. 영국에서도 지난해에 약 10명 중 한 명이 대체 의학 치료를 받았다.

관련 이론
다음 페이지를 참고하라
플라세보 효과 90쪽

3초 인물
에드자르트 에른스트(1948 ~)

30초 저자
로버트 매슈스

3초 요약
어쩌면 대체 의학이 효능을 보이는 건 단지 환자의 믿음 때문일지도 모른다. 하지만 몸이 낫기만 한다면 그게 무슨 상관인가?

3분 통찰
대체 의학 회의론자는 그런 여러 요법의 효능이 과학적으로 설명되지 않는다는 점을 즐겨 지적한다. 하지만 우리가 흔히 사용하는 기존의 의료 절차에도 같은 지적을 할 수 있다. 예를 들어 특정 화합물이 사람을 무의식에 빠뜨렸다가 되돌리는 마취 상태를 널리 이해되도록 설명하는 과학적 방법은 아직 없다. 이처럼 과학적으로 설명할 수 없다고 해서 냉철한 회의론자가 수술에 들어가기 전 마취를 거부하지는 않을 것이다.

대체의학은 대부분 대규모 무작위 대조군 임상 시험으로 효과가 입증되지는 않았지만, 점점 인기를 얻고 있다.

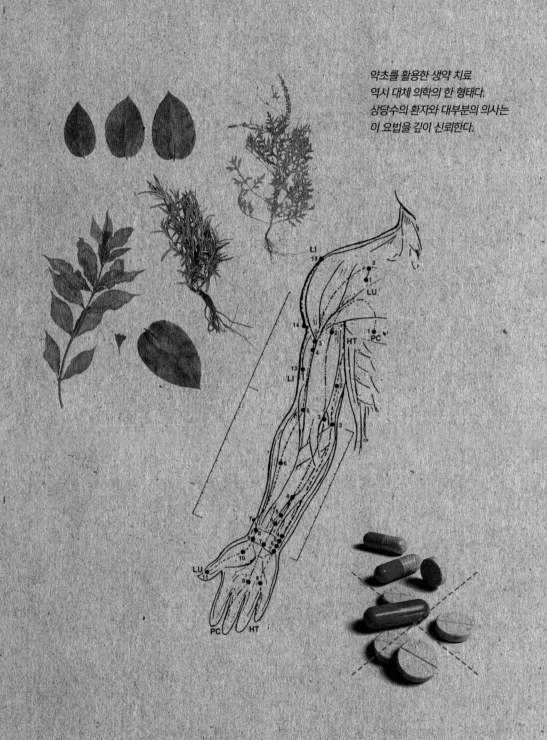

약초를 활용한 생약 치료
역시 대체 의학의 한 형태다.
상당수의 환자와 대부분의 의사는
이 요법을 깊이 신뢰한다.

증거 기반 의학

30초 이론

3초 요약
증거 기반 의학은 환자를
치료하는 방법을 결정하는
하나의 방법이다. 그 밖의
다른 모든 방식보다는
그나마 낫다.

3분 통찰
우리가 가장 잘 활용할
수 있는 최적의 정보를
바탕으로 의사결정을
내린다는 증거 기반 의학의
기본 방침은 교육이나
사회 복지 같은 여타 분야로
퍼지기 시작했다. 효과적인
약물이 무엇인지 알아내는
데 쓰이는 과학적 연구를
활용해 아이에게 어떻게
독서를 가르쳐야할지와
같은 오랜 논쟁을 해결하는
식이다. 하지만 의학
분야처럼 복잡다단한
상황에 대한 결정을 내려야
하는 경우에 이런 연구가
얼마나 가치가 있는지는
신랄한 논쟁 거리다.

과거 의사들은 오래전 의과대학에서 들었던 지식부터 테니스를 같이 치는 친구가 추천한 요법에 이르기까지 온갖 것에 기초한 개인적인 신념에 근거를 두고 환자를 치료했다. 때때로 이 접근법은 효과가 있었지만, 그렇지 않은 경우도 있었다. 여기에 비해 증거 기반 의학(EBM)은 신중하게 수행된 임상 시험의 결과에 근거해, 이러한 결정을 보다 과학적으로 단단한 기반 위에 놓고자 한다. 의사들은 이제 온라인 데이터베이스에서 국제적으로 인정받는 전문가의 임상 시험을 토대로 가장 효과적인 치료가 무엇인지에 대한 최신 의견을 제공받을 수 있다. 하지만 실제로 그렇게 하는지 여부는 다른 문제다. 상당수의 의사는 여전히 자기가 했던 방식을 고수하고자 한다. 너무 바빠 검토서를 살필 수 없었다든지, 임상 시험의 신뢰성에 의심이 간다든지, 공인된 치료법을 함부로 사람들에게 제공하는 것에 거부감이 든다든지 하는 게 이들의 핑계다. 하지만 증거 기반 의학의 열광적인 지지자는 의사들은 환자가 무엇을 필요로 하는지를 항상 확실한 근거를 가지고 판단해야 한다고 주장한다. 사실 양쪽 주장 모두 일리가 있다. 어떤 요법을 적절하게 검토하는 것은 쉽지 않으며, 임상 시험이 굉장히 잘못된 경우도 존재하기 때문이다. 하지만 아무리 그래도 환자 대부분은 아마 구식의 관습보다는 최신의 과학적 근거에 바탕을 두고 자신을 치료하기를 바랄 게 분명하다.

관련 이론
다음 페이지를 참고하라
대체 의학 86쪽
플라세보 효과 90쪽

3초 인물
에드자르트 에른스트(1948~)
아치 코크란(1908~1988)

30초 저자
로버트 매슈스

*의사라면 누구나 특별히
선호하는 치료법이 있다.
이런 상황에서 환자인
여러분은 과연 최선의
치료를 받고 있을까?*

항상 모든 건
의사의 손에 달렸다!

플라세보 효과

30초 이론

알약을 하나 받았는데 그 약은 두통을 치료해주는 약이라고 들었다. 그 약을 먹고 나서 실제로 몸 상태가 나아졌다. 하지만 사실 그건 약이 아니라 분필이었다. 이것이 바로 플라세보 효과다. 플라세보라는 단어는 '마음에 들게 하다'라는 뜻이다. 하지만 의학 분야에서는 진정한 의학적 효과는 없지만 상상과 암시의 힘으로 효과를 일으키는 치료법을 일컫는다. 1920년대에 처음 알려진 플라세보 효과는 오늘날 새로운 약이나 치료법이 정말로 효과가 있는지를 알아내는 '증거 기반 의학'에서 필수적으로 살피는 부분이다. 임상 시험을 할 때 대상이 되는 치료법의 효과는 플라세보 약의 효과와 비교된다. 플라세보 약은 진짜 약과 똑같이 생겼지만 약리 성분이 들어 있지 않은 알약일 수도 있고, 진짜 작동하는 것처럼 느껴지지만 실제로는 피부를 뚫지 않는 침일 수도 있다. 일반적으로 '무작위 대조군 시험'에서 절반의 환자는 진짜 약을 투여받지만 나머지 절반은 플라세보 약을 받는다. 이때 두 집단이 동일하게 호전된다면 새로운 치료법은 소용이 없다는 사실이 입증된다. 플라세보 효과는 엄청나게 강력해서 조금 더 큼직하거나, 흰색 대신 분홍색의 알약을 받거나, 그 약을 처방하는 의사가 꽤 경험 많은 베테랑이라는 사실을 환자가 인지했을 때 보다 강화되는 경향을 보인다.

3초 요약

플라세보 효과란 사람들의 기대나 그들이 받는 암시만으로 몸이 더 좋아지는 가짜 치료법이다. 여러분이 무언가를 강하게 믿기만 한다면 거의 무엇이든 플라세보 효과를 일으킨다.

3분 통찰

플라세보 효과는 무척 강력해서, 어쩌면 20세기까지 등장한 대부분의 약은 사실 쓸모 없었던 것일지도 모른다. 치료받은 부자가 치료받지 못한 가난한 사람보다 더 나을 게 없었던 셈이다. 그러다 플라세보 약과 비교하는 실험을 함으로써 우리는 어떤 신약이 실제로 효과가 있는지 알게 되었다. 또한 침술이 통증을 줄이지만 병을 치료하지는 않으며, 동종 요법은 실제 효과가 없다는 사실도 알게 되었다. 그러니 여러분도 검증되지 않은 요법에 돈을 낭비하지 마라.

관련 이론

다음 페이지를 참고하라
증거 기반 의학 88쪽

3초 인물

엘빈 모턴 젤리넥(1890~1963)

30초 저자

수 블랙모어

환자에게 투여되는 알약에 꼭 약리 성분이 없어도 된다. 플라세보 효과 덕분에 여러분은 자기가 얼마나 대단한지 실감할 수 있다. 물론 그 내막을 알게 된 이후로는 플라세보 효과가 그렇게 잘 작동하지 않을지도 모르지만 말이다.

이 알약 가운데 여러분을
치료할 약은 무엇일까?
사실 무엇이든 괜찮다.
아무거나 골라잡고 몸이
나아지기를 바라기만 하면 된다.

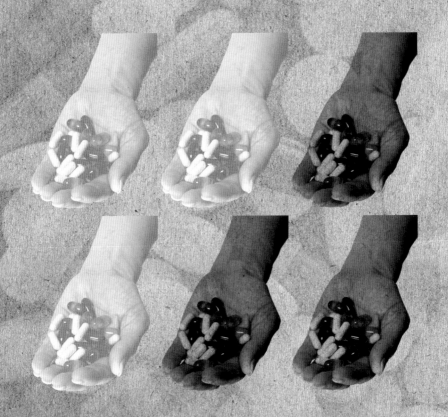

지구라는 행성

지구라는 행성
용어

가설 hypothesis 자연에서 관찰되는 현상을 설명하는 일련의 과학적 아이디어. 가설은 아직 사실이라고 증명되지 않은 상태이고 실험을 통해 충분히 검증되면 이론으로 업그레이드된다. 그리고 다른 이론이 등장해 기존 이론을 파훼하기 전까지는 그 이론은 참이라고 여겨진다. 이론을 활용해 새로운 가설을 세우고 진리를 찾는 것이 과학자들의 일이다.

간빙기 interglacial 지구 역사에서 두 빙하기 사이에 놓인 기간. 모든 역사적 사건은 이 간빙기에 벌어졌다.

고생물학자 palaeontologist 암석에 보존된 뼈를 비롯한 유해와 발자국, 둥지 터, 도구 등 모든 종류의 화석을 연구하는 전문가들.

고정 작용 fixed 대기 중 기체를 흡수해 보다 복합적인 성분으로 통합되는 과정. 대부분 고정 작용은 생물에 의해 이루어진다. 식물은 광합성으로 이산화탄소를 고정해 당을 만들고, 몇몇 세균은 질소를 고정해 토양을 기름지게 한다.

대멸종 mass extinction 살아 있는 종의 상당수가 짧은 시간에 멸종되는 사건. 종종 특정한 종의 친척 무리 전체가 완전히 멸종되곤 한다. 우리에게 가장 잘 알려진 대멸종은 공룡을 비롯한 많은 거대 파충류가 영원히 사라진 6500만 년 전의 사건이다. 무엇이 대멸종을 일으키는지는 확실히 알려진 바가 없지만 화산 폭발이나 소행성 충돌 같은 극단적인 자연재해의 결과물일 가능성이 높다.

동일과정설 unformitarianism 지표면을 형성하는 과정이 지구 전체, 그리고 엄청난 지질학적 시간에 걸쳐 동일한 속도와 방식으로 천천히 끊임없이 일어난다는 개념. 즉 오늘날 지표면을 덮고 있는 암석층을 연구하면 먼 과거에 무슨 일이 일어났는지 알아낼 수 있다.

매개변수 parameters 온도나 압력 같은, 어떤 이론이 설명하는 물리적 현상을 변화시키는 수치적 특성. 이론은 종종 매개변수로 연결된 수학 방정식으로 정리된다.

맨틀 mantle 부분적으로 녹아 있는 광물로 이뤄진 지표면 아래의 층. 맨틀은 지각에서 중심부의 핵 사이에 존재한다. 지각과 맨틀 맨 위층의 단단한 암석들은 연약권이라는 부드러운 층 위에 떠 있다.

백만분율 parts per million(ppm) 아주 적은 양의 물질이 다른 물질과 얼마나 섞여 있는지 표현하는 방법. 10퍼센트가 100분의 10과 같듯이, 5ppm은 어떤 물질의 원자 또는 분자가 다른 물질의 100만분의 5라는 뜻이다. 10억분의 1을 뜻하는 ppb도 있다.

빙하 glacier 육지를 가로지르며 천천히 움직이는 얼음의 흐름. 보통 높은 지대에서 아래로 흐른다. 빙하기 동안 지표면의 상당 부분을 빙하가 덮고 있었다. 오늘날에는 극지방이나 아주 높은 산의 정상에만 빙하가 분포한다.

염도 salinity 물 또는 다른 용매에 녹아 있는 염분의 양을 말한다.

온실 기체 greenhouse gas 대기 중에 존재하는 기체로 온실 효과에 기여한다. 가장 잘 알려진 온실 기체는 이산화탄소와 메탄이지만 수증기와 염화불화탄소(CFC)도 여기에 포함된다. 태양에서 온 에너지가 지표면까지 도달해 지구를 따뜻하게 덥히고 나서 다시 복사돼 나오는 열기는 이 기체 때문에 대기권을 떠나지 못하고 갇힌다.

우주선 cosmic rays 별이나 퀘이사 같은 천체에서 뿜어져 나오는 방사선을 비롯한 고에너지 입자의 흐름. 우주선은 지구를 사방에서 폭격하지만 자기장에 걸러진다. 지구의 자기력 덕분에 붙잡힌 입자 대부분은 극지방으로 향하며, 여기서 공기 중 기체와 상호작용해 오로라를 형성한다.

지각 Earth's crust 맨틀의 최상부와 함께 부분적으로 녹은 맨틀층 위에 떠 있는 지구 암석층의 맨 바깥쪽 표면이다. 지각의 가장 두꺼운 부분은 산맥이며 가장 얇은 부분은 대양저다.

지구 물리학 geophysical 지구 깊숙한 곳에서 일어나는 지질학적 과정을 이해하고자 물리학을 활용하는 지질학의 한 분야. 지질학적 과정은 직접 관찰할 수 없기 때문에 자기, 열, 파동 등 재료 과학에 관련한 기존 지식을 활용해 지구에서 무슨 일이 벌어지고 있는지 파악한다.

지질학 geological 지표면을 형성하는 여러 과정과 관련된 분야다. 지질학자들은 산악의 형성, 지진과 화산, 그리고 엄청난 세월에 걸쳐 다양한 암석이 어떻게 만들어지고 변화하는지 연구한다.

피드백 메커니즘 feedback mechanism 자기 자신의 활동에 반응하여 되먹임하는 시스템이다. 양의 피드백 메커니즘은 어떤 활동이 스스로 강화해 계속 쌓여나가는 폭주 효과를 일으킨다. 반면에 음의 피드백 메커니즘은 자기 조절적이다. 즉, 활동이 이후의 활동을 감소시켜 변화의 폭이 평상시의 수준으로 끊임없이 되돌아간다.

성운설

30초 이론

태양계의 행성이 연기처럼 퍼져나가는 입자 구름에서 처음 형성됐다는 이론이다. 원래 이 구름은 토성의 고리처럼 원반형으로 태양 주위를 돌고 있었다. 이 입자들이 모두 같은 방식으로 태양 주위를 돌고 있었기에 서로 달라붙기 시작했고 서로 부딪힐 때도 많았다. 결국 입자들은 꽤 커져서 중력에 의해 서로 끌어당겨져 덩치가 더 커졌다. 또 가장 큰 덩어리가 작은 덩어리를 빨아들이면서 결국 원시 행성을 이루었다. 그리고 더 큰 덩어리들은 다시 서로 충돌하고, 부서졌다가 합쳐지는 과정을 여러 번 반복하며 오늘날 우리가 알고 있는 행성이 되었다. 어째서 태양 근처에 암석으로 이뤄진 작은 행성이 4개 있는 반면 보다 크고 기체로 이뤄진 행성 4개는 더 멀리 있는지는 아무도 확실히 모른다. 아마 태양 근처 행성은 태양의 열기가 표면의 기체를 날려버렸기 때문일 것이다. 한편 덩치가 크고 기체로 이뤄진 행성은 태양과 멀리, '동결선' 너머에 있기 때문에 추위 탓에 얼음이 녹지 않는다. 그래서 표면에 얼어붙은 여러 성분이 모여 있는데 물뿐 아니라 메탄, 암모니아 같은 다른 물질도 얼어 있다.

3초 요약
태양계의 행성은 태양이 형성되고 남은 기체와 먼지구름에서 태어났다.

3분 통찰
천왕성과 해왕성은 태양과 아주 멀리 떨어져 있기 때문에 행성을 형성할 원반형 구름이 얇아서 지금 같은 모습이 되기까지 수억 년이 걸렸을 것이다. 이 행성들은 오늘날 목성과 토성이 있는 곳에서 매우 가까운 곳, 즉 지금보다 태양과 훨씬 가까운 곳에서 형성되었다가 점차 바깥쪽으로 이동해 현재의 위치에 온 것으로 여겨진다.

관련 이론
다음 페이지를 참고하라
희귀한 지구 가설 110쪽
인류 원리 122쪽

3초 인물
에마누엘 스베덴보리
(1688~1772)

임마누엘 칸트(1724~1804)

피에르 시몽 라플라스
(1749~1827)

30초 저자
존 그리빈

거대한 행성도 작은 먼지 입자에서 시작했다. 지구와 태양, 그리고 태양계의 나머지 행성은 먼지와 기체로 이뤄진 거대한 구름이 자체 중력 때문에 천천히 붕괴하는 과정에서 형성됐다.

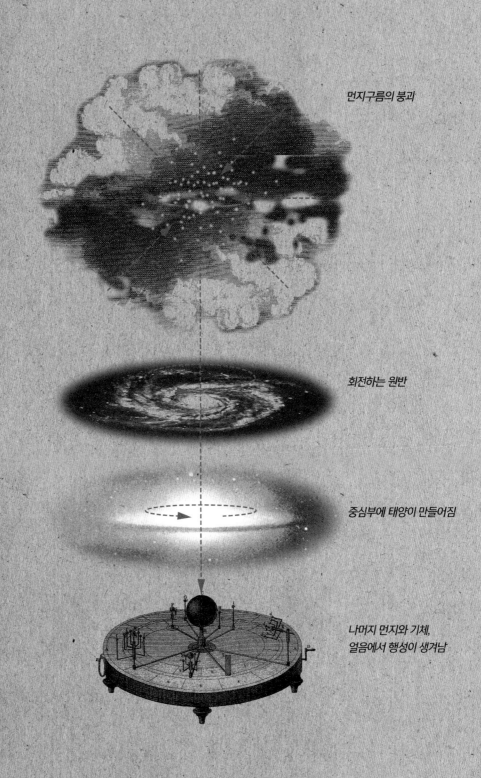

먼지구름의 붕괴

회전하는 원반

중심부에 태양이 만들어짐

나머지 먼지와 기체,
얼음에서 행성이 생겨남

대륙 이동설

30초 이론

우리의 행성 지구는 결코 고요하게 머무르지 않는다. 대륙도 손톱이 자라는 것과 거의 같은 속도로 지구 표면을 가로질러 느리게 춤추듯 표류하는 중이다. 우리 행성의 역사에서 이 '춤'은 주기적으로 모든 대륙을 모아 하나의 거대한 초대륙을 이루게 했다가 다시 각자의 길을 가도록 했다. 지금으로부터 약 13억 년 전에 로디니아가 형성되었을 때, 그리고 다시 2억5000만 년 전 판게아가 형성되었을 때 이런 일이 벌어졌다.

대륙이 이동한다는 개념은 사실 꽤 오래되었다. 1596년에 이미 벨기에의 지도 제작자인 아브라함 오르텔리우스는 아프리카와 남아메리카 해안선이 들어맞는다는 점에 주목해, 아메리카 대륙은 지진과 홍수 탓에 유럽과 아프리카 대륙에서 격렬하게 밀려난 결과라고 제안했다. 그리고 이후 300년이라는 세월이 흐른 뒤 독일의 과학자 알프레드 베게너가 대륙이 끊임없이 이동한다는 이론을 다시 내놓았다. 하지만 어떻게 그런 일이 벌어졌는지 설명하는 메커니즘이 제안되지 않았기에 이 아이디어는 1960년대 초까지 일반적으로 받아들여지지 않았다. 그러다 이때쯤 새로운 지구물리학적 증거가 나타나 해저의 확장에 따라 대륙이 움직이고, 단단한 지각과 맨틀 최상층 아래에 부분적으로 용융된 층이 흐르며 이 움직임이 생긴다는 사실이 밝혀졌다.

관련 이론
다음 페이지를 참고하라
눈덩이 지구 이론 100쪽

3초 인물
알프레드 베게너(1880~1930)

30초 저자
빌 맥과이어

3초 요약
비록 겉보기에는 단단하고 변함없는 것 같지만 지구의 여러 대륙은 끊임없이 움직이는 중이다. 대륙이 그 아래에서 마구 뒤섞이는 맨틀의 대류에 올라탄 채 함께 움직이기 때문이다.

3분 통찰
오늘날 대륙 이동설은 보통 판구조론에 포함된다. 지질학자들은 지각과 맨틀 최상층의 움직임을 설명하고자 이 모형을 수용했다. 판구조론은 지구의 단단한 표면층이 12개 이상의 커다란 암석판으로 이루어져 있어 끊임없이 움직인다는 이론에 기초한다. 이 이론은 대륙의 움직임을 비롯해 지진과 화산이 발생하는 장소와 그 이유, 산맥이 형성되는 과정을 설명한다.

우리 발밑의 땅은 단단하지 않다. 계속해서 움직이는 중이다.

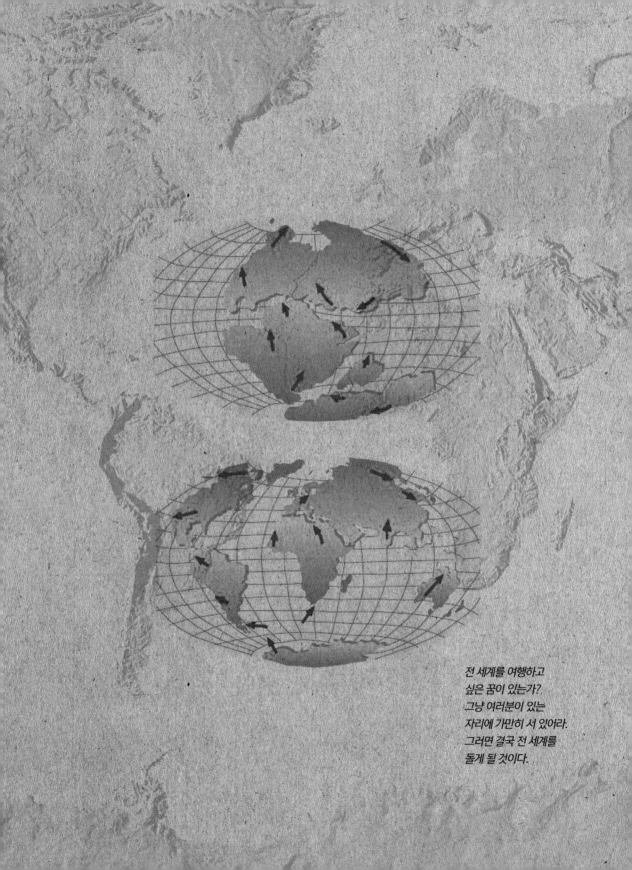

전 세계를 여행하고
싶은 꿈이 있는가?
그냥 여러분이 있는
자리에 가만히 서 있어라.
그러면 결국 전 세계를
돌게 될 것이다.

눈덩이 지구 이론

30초 이론

눈덩이 지구 이론에 따르면 먼 옛날 빙하가 지구 표면을 덮고 있던 시절에 이 행성은 거대한 눈덩이처럼 보였으리라고 예상할 수 있다. 이 용어를 만든 미국의 지구 생물학자 조지프 커시빈크를 포함해 눈덩이 지구 이론의 지지자들은 지금으로부터 약 8억5000만 년 전에서 6억3000만 년 전의 크라이오제니아기 동안 태양의 빛이 약하고 대기 중의 온실 기체 농도가 낮아 지구의 온도가 급격히 떨어졌다고 주장한다. 그에 따라 지구는 거의 1.6킬로미터 두께의 얼음 껍질에 둘러싸였다.

온실 기체의 농도가 비정상적으로 낮았다는 점이 이 이론의 핵심인데, 어떻게 이런 일이 벌어졌는지는 이론이 분분하다. 한 가지 가능성은 대륙이 적도 가까운 구역에 모인 덕분에 대기 중 이산화탄소가 암석과 반응해 고체 광물을 형성하는 활발한 열대 풍화작용이 일어날 조건을 제공했다는 것이다. 그 결과 대기 중 기체 농도가 급감했다. 그렇게 지구가 얼음에 덮이고 나자, 흰색 표면이 태양 복사선 대부분을 우주로 반사했을 테니 얼음이 녹을 만큼 기온이 따뜻해지기는 결코 쉽지 않았을 것이다. 이 상태에서 벗어날 탈출구가 있다면 태양에서 오는 열기가 더 뜨거워지거나, 화산에서 이산화탄소가 뿜어나와 대기 중의 농도가 높아지는 것 정도였다.

3초 요약
눈덩이 지구 이론에 따르면 지금으로부터 수억 년 전 기후가 매섭게 추웠을 무렵 이 행성은 꽁꽁 얼어붙은 얼음덩이 같았을 것이다.

3분 통찰
오늘날에는 눈덩이 지구 시대에도 그나마 따뜻했던 기간이 있었다는 연구가 있다. 이는 기후가 주기적으로 돌아가고 있었다는 뜻인데, 그러려면 당시 지구가 완전히 얼음으로 덮여 있지는 않았을 것이다. 그렇다면 당시 지구가 완전히 꽁꽁 얼어 있었다는 것은 어느 정도 과장된 이야기일지 모른다. 물론 빙하가 대규모로 존재했다는 것은 의심의 여지 없는 사실이지만 그 가운데서도 아직 얼지 않은 바다가 내내 남아 있었을 것이다.

관련 이론
다음 페이지를 참고하라
지구 온난화 104쪽
가이아 이론 108쪽

3초 인물
조셉 커쉬빙크(1953~)

30초 저자
제인 파킨슨

얼어붙은 지구의 흰색 표면은 태양의 열기를 다시 우주로 반사해 영하의 기온을 유지하는 데 도움을 주었을 것이다.

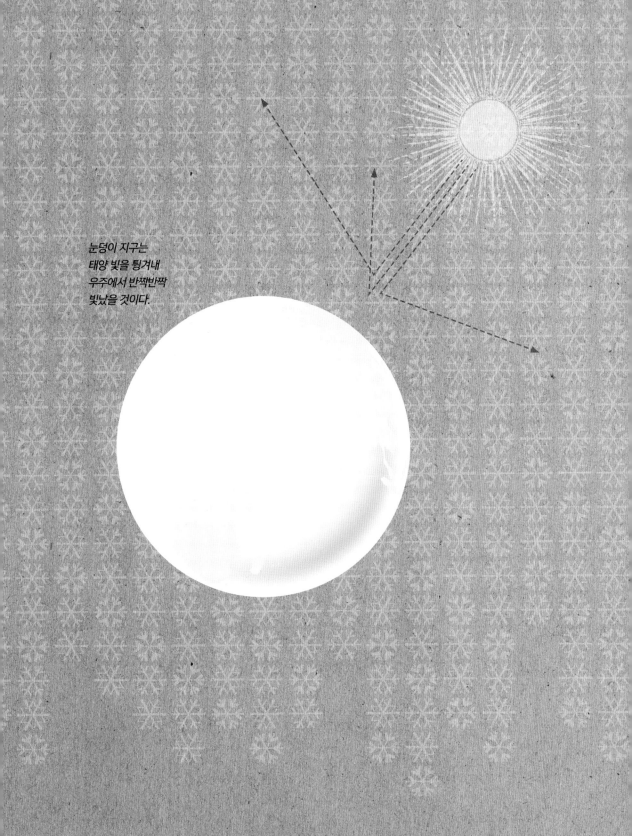

눈덩이 지구는
태양 빛을 팅겨내
우주에서 반짝반짝
빛났을 것이다.

1919
영국 레치워스에서 태어남

1948
런던의 위생 및 열대의학
대학원에서 박사 학위를 받음

1954
의학 분야의 록펠러
트래블링 펠로십을 받음.
하버드 대학교 의과대학에 감

1961
미국 나사에 들어가 달 탐사선
서베이어 호 프로젝트에
참여함

1964
어디에도 소속되지 않은
독립 과학자가 됨

1974
왕립학회의 회원으로 선출됨

1979
《가이아》를 출간함

2022
에보츠버리 자택에서 사망

제임스 러브록

제임스 러브록은 오늘날 몇 안 되는 무소속의 독립적인 과학자다. 지난 수십 년 동안 대학이나 정부 연구소에서 일하지 않았다. 그럼에도 종종 소리 높여 급진적인 주장을 펼치는 러브록은 연구자인 동시에 발명가, 선지자다. 가이아 가설로 알려진 그의 가장 유명한 이론은 지구가 스스로 조절하고 통제하는 방식을 설명한다. 하지만 러브록이 자신의 아이디어를 검증하는 데 사용한 방법을 의심한 기존 주류 과학자들은 그 이론을 완전히 받아들이지 않았다. 물론 가이아 이론이 설득력이 있기는 해도 다른 과학자에게도 유용한 도구가 될 수 있을지는 아직 두고 보아야 한다.

제임스 러브록은 1919년에 런던 북부의 레치워스에서 태어났다. 그리고 맨체스터에서 화학을 공부하다가 1941년 국립 의학 연구소(NIMR)에 들어갔다. NIMR에서 러브록이 초기에 수행한 작업은 대부분 전쟁을 지원하는 연구였다. 예를 들어 러브록은 이곳에서 수중 혈압계와 음속 측정 장치를 발명했다. NIMR에서 20년을 근무한 러브록은 미국 나사로 넘어갔다. 여기서 러브록은 전문 지식을 활용해 달이나 멀리 떨어진 행성의 암석과 대기의 구성을 분석하는 탐지기를 만들었다. 러브록이 만든 장비를 장착한 나사의 여러 탐사선은 우주 공간에서 생명체의 증거를 찾는 임무를 맡았다. 이 과정에서 러브록은 외부 행성에 생명체가 존재한다는 가장 명백한 징후는 끊임없이 구성이 변화하는 역동적인 대기라는 사실을 깨달았다. 반면에 생명이 없는 행성의 대기는 그대로 유지된다. 그리고 러브록은 생명체가 지구의 대기를 변화시키는 방식을 곰곰이 생각하던 중 가이아 이론을 떠올렸다.

이후 러브록은 1964년에 나사를 떠나 영국에 돌아와 자체적으로 자금을 조달하는 독립적인 과학자이자 발명가가 되었다. 그리고 1979년에는 첫 번째 저서를 출간했고 제목은 간단히 《가이아》로 붙였다. 이 주장을 환경주의자 커뮤니티는 즉각 받아들였지만, 많은 과학자가 객관적이고 과학적인 연구라기보다 뉴에이지 철학에 이끌린 결과라는 이유로 무시했다. 하지만 그중 상당수는 가이아 이론의 유용성이 증명되었다고 여겼으며, 그에 따라 여러 해에 걸쳐 여기에 대한 연구와 논쟁이 이어졌다. 2004년 들어 러브록은 원자력 발전이 기후 변화에 대응할 최선의 방법이라고 선언하며 과학계의 이단아라는 명성을 다시 얻었다. 이번에 러브록을 비판한 건 환경주의자들이었다.

지구 온난화

30초 이론

지구 온난화란 우리가 살아가는 지구가 변함 없이 계속해서 뜨거워지리란 사실을 가리키는, 어찌 보면 건조한 용어다. 지구는 지난 46억 년의 역사를 거치며 기온이 급격하게 변화했던 엄청나게 역동적인 행성이다. 현재 우리는 약 1만 년 전에 끝난 마지막 빙하기와 앞으로 다가올 빙하기 사이에 낀 온화한 간빙기에 있다. 보통 간빙기에는 온실 기체인 이산화탄소의 농도가 280ppm 정도이며, 이 이산화탄소가 태양의 열기를 가둬 우주의 매서운 추위를 막아준다. 하지만 지난 200년에 걸친 산업화로 오염이 일어난 탓에 이 농도는 385ppm까지 증가했고, 여기서 멈추지 않고 계속 수치가 증가하는 중이다. 비록 지구 온난화를 일으킨 것이 인류라는 사실을 인정하지 않으려 하는 회의론자가 존재하지만, 이산화탄소의 방출량과 행성 전체가 더워진다는 사실을 연관시킨 사람은 예전에도 있었다. 1890년대만 해도 스웨덴의 화학자 스반테 아레니우스는 대기 중 이산화탄소 농도가 두 배로 증가하면 지구의 기온이 약 섭씨 4도 상승할 것이라고 계산했다. 지금까지 우리의 행성은 0.74도만큼 따뜻해졌고, 아레니우스의 예측은 2100년경에 현실이 돼 전 세계가 기후 문제 탓에 혼란에 빠지고 환경이 더 나빠진 뜨거운 온실 속 지구가 펼쳐질 것이다.

관련 이론
다음 페이지를 참고하라
눈덩이 지구 이론 100쪽
격변론 106쪽

3초 인물
스반테 아레니우스(1859~1927)

30초 저자
빌 맥과이어

3초 요약
세상이 더 따뜻해진다고 하면 언뜻 좋은 게 아닌가 하고 생각할지 모른다. 하지만 표면의 이산화탄소 농도가 높아진 탓에 기온이 섭씨 483도까지 올라가 절절 끓는 우리의 이웃 행성, 금성을 반면교사로 삼아야 한다.

3분 통찰
지구 온난화는 단순히 기후와 해양의 순환이 변화하는 문제가 아니다. 돌이켜보면, 이전에도 우리 행성에서는 급격한 기온 상승 탓에 화산 폭발, 지진, 바닷속 산사태를 포함한 지질학적 활동이 촉발된 적이 있다. 해수면이 단시간에 크게 상승하면서 지각 속의 압력이 증가했던 게 원인인 듯하다. 그렇다면 미래에 우리가 맞을 세계는 무더울 뿐 아니라 격렬한 지질학적 활동을 겪고 있을지도 모른다.

어떤 사람은 더운 게 좋다고 할지 모르지만, 지구 온난화는 따뜻하고 화창한 기후를 불러온다기보다 극단적인 무더위를 일으킬 것이다. 강풍과 엄청나게 많은 비는 덤이다.

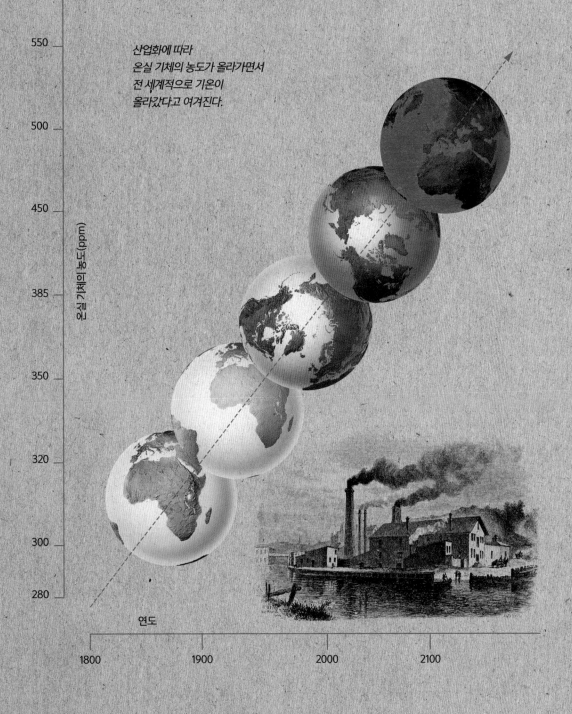

산업화에 따라
온실 기체의 농도가 올라가면서
전 세계적으로 기온이
올라갔다고 여겨진다.

온실 기체농도(ppm)

550

500

450

385

350

320

300

280

연도

1800   1900   2000   2100

격변론
30초 이론

격변론이란 지구가 주기적으로 전 세계적인 영향을 미치고 자연 발생하며 급속히 일어나는 재난의 영향을 받곤 한다는 이론이다. 할리우드 블록버스터 영화에서 굉장히 좋아하는 소재이기도 하다. 이러한 세계관은 '재난은 복수심에 불타는 신이 인류에게 가하는 행위'라는 관념이 주도했으며, 노아의 홍수 같은 종말과 재앙에 대한 성경의 설명에 근거를 둔다. 18세기에서 19세기까지는 격변론이 과학 이론으로 전성기를 맞은 시기였다. 당시 자연 철학자들이 지구의 역사가 단지 수천 년에 지나지 않으며 재앙적인 사건으로 이루어져 있다고 주장했기 때문이었다. 아마도 격변론을 지지한 가장 유명한 인물은 프랑스의 고생물학자 조르주 퀴비에였을 것이다. 퀴비에는 화석 기록을 가지고 자신이 관찰한 멸종을 과거의 재난과 연결 지었다. 그러다 19세기 중반 이후 과학계에서 격변론은 스코틀랜드의 학자 제임스 허턴이 창안하고 잉글랜드의 지질학자 찰스 라이엘이 보급한 동일과정설로 대체되었다. 격변론과 극명하게 대조되는 이 새로운 이론은, 지구의 역사가 우리 주변에서 벌어지는 것과 똑같은 물리적 과정을 포함하는 점진적인 변화로 이루어진다고 주장한다.

3초 요약
과거 지구에는 엄청난 수의 대재앙이 줄지어 밀어닥쳤다. 여기에 비하면 2004년 인도양에서 일어난 쓰나미는 사소할 정도다.

3분 통찰
지난 수십 년 동안 격변론이 다시금 과학계에 고개를 내밀었다. 지구가 주기적으로 행성 전체적인 대재앙에 굴복한다는 사실이 명백히 드러났기 때문이었다. 이렇듯 거대한 소행성 충돌이나 화산 폭발 같은 전 세계에 걸친 지구 물리학적 사건은 동일과정설에서 이야기하는 우리 세계의 안온함에 구멍을 내고, 대멸종을 일으키며 지구 전체를 꽁꽁 얼어붙게 한다. 결국 우리 문명은 가랑비에 젖듯 꺼져가는 대신 '쾅' 소리와 함께 요란하게 멸망할 수도 있다.

관련 이론
다음 페이지를 참고하라
눈덩이 지구 이론 100쪽

3초 인물
조르주 퀴비에(1769~1832)

제임스 허턴(1726~1797)

찰스 라이엘(1797~1875)

30초 저자
빌 맥과이어

지금으로부터 약 6500만 년 전에 공룡을 비롯한 거대한 파충류 대부분이 갑자기 멸종을 맞았다. 거대한 소행성이 지구에 충돌했거나, 100만 년 동안 화산이 폭발했거나, 먹이인 양치식물이 사라진 것이 이 재난을 일으킨 원인일지도 모른다.

106

우리는 1억 년 동안
별다른 일 없이 살아가다가
한 방에 지구상에서
전부 사라질 수도 있다!

가이아 가설

30초 이론

3초 요약
지구는 어쩌면 단지 바위와 금속으로 이뤄진 불활성의 덩어리가 아닌, 스스로 조절하는 거대한 하나의 유기체에 가깝지 않을까?

3분 통찰
러브록은 그가 지도하는 박사과정 학생이었던 앤드루 왓슨과 함께 '데이지 월드'라고 불리는 수학적 모델을 만들어, 살아 있는 유기체의 무리에서 피드백 메커니즘이 어떻게 발생할 수 있는지 보여주었다. 먼저 데이지 월드는 열을 흡수하는 검은색 데이지와 열을 반사하는 흰색 데이지로 각각 같은 수만큼 채워졌다. 이후 데이지 월드에 도달하는 태양 에너지가 다양해짐에 따라 두 종류의 데이지는 경쟁을 벌였고, 그 결과 데이지가 성장하는 최적 온도에 가까운 값을 유지하는 방향으로 개체군은 균형을 맞춰갔다.

1960년대, 영국의 과학자 제임스 러브록이 이 가설을 만들었다. 러브록은 지구를 스스로 조절하고 통제하는 살아 있는 유기체에 비유했다. 물론 그렇다고 우리 세계가 실제로 살아 숨 쉰다는 의미는 아니다. 하지만 생명체와 물리적 환경 사이에는 복잡하게 연결된 상호작용이 존재한다. 대기, 해양, 극지방의 빙상, 우리 발밑의 단단한 암석층이 그러한 물리적 환경이다.

가이아 가설에 따르면, 이러한 상호관계는 생명체가 계속 살아갈 수 있는 적당히 안정된 상태로 지구가 유지되도록 작용한다. '항상성'이라고도 불리는 이러한 균형 잡힌 상태는 생명체 자체의 특성이기도 하다. 생명체는 자신의 현 상태를 유지하고자 몸 내부의 여러 과정을 관리하고 조절한다. 러브록은 자신의 아이디어를 뒷받침하고자, 그동안 태양의 복사선이 조금씩 강력해졌음에도 지표면의 온도가 시간이 지나도 놀랄 만큼 안정적으로 변하지 않았다는 사실을 지적했다. 그뿐만 아니라 여러 매개변수를 불안정하게 흔들어 놓을 수많은 요인이 있음에도 해양의 염도와 대기의 조성이 일정하다는 점도 예로 들었다. 그동안 러브록의 가이아 개념은 리처드 도킨스나 스티븐 J. 굴드 같은 생물학자들에게 혹독한 비판을 받아왔다. 하지만 우리 지구가 여전히 생명이 거주할 만한 장소가 되는 데 생명 자체가 중요한 역할을 한다는 생각은 진지한 과학자 사이에서 여전히 관심과 지지를 받는 중이다.

관련 이론
다음 페이지를 참고하라
희귀한 지구 가설 110쪽

3초 인물
제임스 러브록(1919~)

30초 저자
빌 맥과이어

러브록의 데이지 월드는 지구상의 생명체가 어떤 방식으로 지표면의 여러 조건을 조절할 수 있는지 보여주는 간단한 모델이었다.

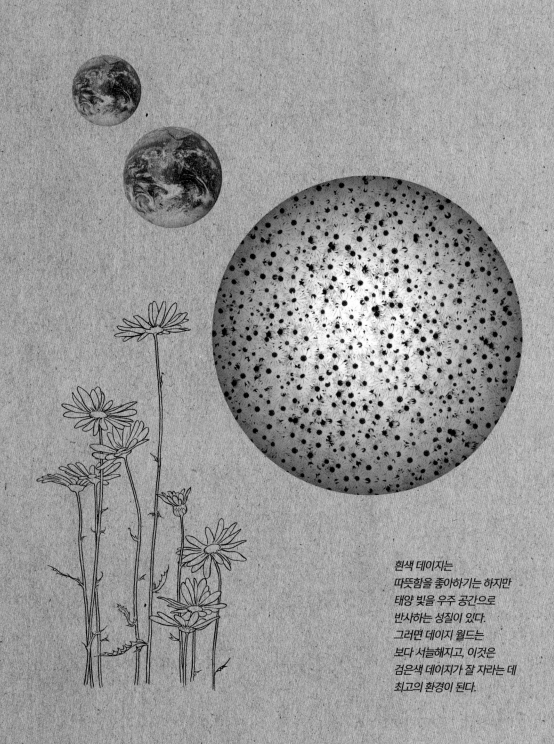

흰색 데이지는
따뜻함을 좋아하기는 하지만
태양 빛을 우주 공간으로
반사하는 성질이 있다.
그러면 데이지 월드는
보다 서늘해지고, 이것은
검은색 데이지가 잘 자라는 데
최고의 환경이 된다.

희귀한 지구 가설

30초 이론

3초 요약
우리는 어쩌면 우주 전체에서 유일한 지적 생명체일지도 모른다.

지구는 보기 드문 사례일지도 모른다. 오늘날 인류 문명이 탄생하기까지, 안정된 항성 주변을 도는 안정된 행성에서 40억 년 넘는 세월 동안 진화가 일어났다. 태양은 흔치 않게 안정적인 항성이고, 지구에 생명체가 진화하도록 꾸준하게 온기를 던져주는 원천이었다.

게다가 지구로 마구 떨어지는 혜성의 폭격은 목성이 거의 막아준다. 이 거대한 이웃 행성은 얼음같이 차가운 천체가 지구에 도착하기도 전에 진공청소기처럼 다 빨아들인다. 물론 아무리 그렇다고 해도 공룡의 멸종을 비롯해 지구상에 닥친 몇 가지 큰 재앙은 혜성과 관련이 있기는 하다. 그렇지만 목성이 없었다면 혜성이 지구에 지나치게 자주 떨어지는 바람에 지적 생명체가 제대로 진화할 시간이 없었을 것이다.

지구가 지닌 커다란 위성인 달 역시 지구의 축을 안정화해 지구가 팽이처럼 비틀대지 않도록 막는다. 달에서 비롯한 조석력 덕분에 지구 내부의 온도가 뜨겁게 유지되며, 그에 따라 자기장이 생겨나 해로운 외부 우주선으로부터 우리를 보호한다. 이 힘은 바다에서 조류를 일으켜 생명체가 육지로 이동하도록 도왔다. 달은 태양계가 형성되던 초기에 지구가 다른 천체와 엄청난 충돌을 일으켰을 때 떨어져 나와 지구 주위를 돌게 된 지각 덩어리였을 것이다. 이 충돌 결과 지구의 지각이 얇아져 판구조론에서 설명하는 것처럼 대륙이 이리저리 이동하게 되었고, 그 과정에서 고립된 생명체들이 각자 다양한 모습으로 진화할 수 있었다.

3분 통찰
희귀한 지구 가설의 반대편에는 '지구 평범성 가설'이 있다. 이것은 지구가 우주에서 어떤 특별한 위치를 차지하는 게 아니라 오히려 평범하고 정상적이라는 이론이다. 이런 양극단의 중간쯤을 지지하는 과학적인 논변은 아직 없는 것 같다. 그러니 우리와 같은 생명체는 흔하거나, 아니면 반대로 아주 귀하고 독특하다.

관련 이론
다음 페이지를 참고하라
대륙 이동설: 98쪽
인류 원리: 122쪽

30초 저자
제존 그리빈

그동안 지구상에 지적 생명체가 존재할 확률을 높인 행운이 여럿 있었다. 예를 들어 지구의 거대한 위성인 달은 다양한 방식으로 우리에게 도움을 준다.

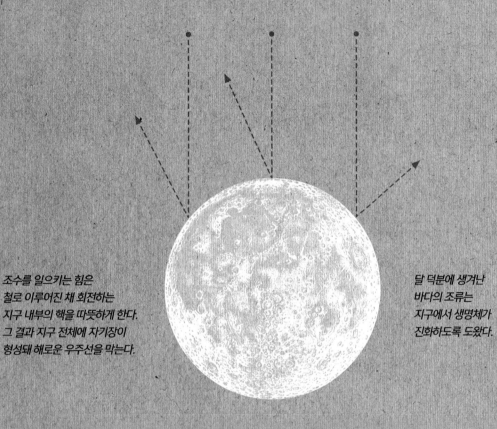

조수를 일으키는 힘은
철로 이루어진 채 회전하는
지구 내부의 핵을 따뜻하게 한다.
그 결과 지구 전체에 자기장이
형성돼 해로운 우주선을 막는다.

달 덕분에 생겨난
바다의 조류는
지구에서 생명체가
진화하도록 도왔다.

우주

우주
용어

물질 matter 우주를 구성하는 재료. 공간을 채우며 어떤 식으로든 그 양을 측정할 수 있다.

복사 radiation 방사성 물질에서 위험한 방사선이 방출되는 것을 말하기도 하지만, 더 정확하게는 광자라는 작은 에너지 꾸러미가 우주 공간을 가로질러 전달되는 과정을 설명하는 용어다. 위험한 감마선뿐 아니라 빛과 열, 전파도 다들 다양한 크기의 에너지를 운반하는 복사선의 한 종류다. 하지만 블랙홀에서 방출되는 호킹 복사선 같은 특이한 종류의 복사선은 물질 입자가 운반한다.

백색 왜성 white dwarf 보통의 별이 죽은 뒤에 남아 있는 빛나는 잔해다. 우리의 태양 역시 결국에는 지구만 한 작은 백색 왜성이 될 것이다. 그러다 백색 왜성은 점차 식어서 어두운 색을 띤 '흑색 왜성'이 된다. 이 전체 과정은 100억 년이 걸릴 것으로 추정되는데, 이 우주는 아직 흑색 왜성이 만들어질 만큼 충분히 나이가 많지 않다.

블랙홀 balck hole 커다란 별인 거성의 잔해가 하나의 점으로 압축돼 형성되는 우주의 천체다. 블랙홀의 중력은 매우 커서, 심지어 빛조차 벗어나 탈출할 수 없다. 가장 큰 별들이 죽었을 때 블랙홀이 만들어진다.

아원자 subatomic 원자보다 작은 입자.

양자 quantum 더 이상 쪼갤 수 없는 단위로, 에너지는 양자에 존재한다.

우주론 cosmology 우주의 기원과 진화를 과학적으로 설명하는 분야다. 빅뱅 이론은 오늘날 가장 중요한 우주론으로 사실상 대적할 적수가 없다.

원자 atom 원자는 지금껏 지구상에 존재하는 물질의 단위 가운데 가장 작다. 원자 자체는 더 작은 입자들, 즉 양성자, 중성자, 전자로 이루어져 있다. 이 입자들이 정확히 어떻게 조합되었는지가 각 원자에 물리적, 화학적인 특성을 부여한다. 예를 들어 금 원자는 탄소 원자와는 다르게 구성되었다. 지구 바깥 우주에서 관찰되는 물질들 역시 대부분 원자로 구성되지만 베일에 싸인 '암흑 물질'은 완전히 다른 방식으로 이루어졌을지도 모른다.

은하 galaxy 중심이 되는 지점 주위를 도는 별들의 집합체를 말한다. 은하를 뜻하는 단어 galaxy는 우유를 뜻하는 그리스어 단어에서 유래했다. 우리은하의 중심부는 밤하늘에서 구름처럼 뿌연 띠로 보이는데, 사람들은 수백 년 전부터 이것을 은하수라고 불렀다.

인류의 anthropic 인간과 관련된.

적색편이 redshift 멀리 떨어진 별이나 은하계에서 나온 빛에서 나타나는 현상이다. 우주의 시공간이 계속 팽창하면서 먼 천체들은 지구를 비롯한 다른 모든 것들로부터 멀어지는 중이다. 이렇게 팽창하는 공간을 따라 이동하는 빛의 파동은 쭉 늘어난다. 그러면 빛의 파장이 길어지는 효과가 생겨 빛은 원래보다 더 붉어 보인다. 이렇듯 빛의 파장이 길어지는 현상을 적색편이라고 부르는데, 심지어 눈에 보이지 않고 색이 없는 복사선에서도 나타난다. 적색편이는 우주가 팽창한다는 증거 중 하나다. 만약 물체가 관측자를 향해 이동하고 있다면 반대 현상이 일어난다. 청색광은 적색광보다 파장이 짧으므로 빛이 압축되면 청색편이가 일어나는 것이다.

중성자별 neutron star 죽은 별의 잔해로, 물질이 너무나 빽빽하게 들어차 있어서 양성자와 전자가 융합돼 중성자를 형성한다. 중성자별의 크기는 대략 지구의 한 도시 정도지만 그 안에 태양보다도 더 많은 물질을 포함한다.

중입자 baryons 양성자와 중성자를 포함해 아원자 가운데 큼직한 입자들이 바로 중입자다. 전자, 광자, 쿼크 같은 더 작은 입자들은 경입자(렙톤)로 분류된다.

진공 vacuum 눈에 보이지 않는 기체조차 전혀 존재하지 않는 공간을 말한다.

질량 mass 어떤 물체에 들어 있는 물질의 양을 말한다. '질량'과 '무게'는 바꿔서 쓸 수 있는 경우가 많지만, 사실 무게란 그 물체에 가해지는 중력의 양을 일컫는다. 일상적인 용어로 설명하자면, 지구에서는 물체의 질량과 무게가 사실상 같지만, 달에서는 그 물체의 질량은 변하지 않아도 달의 중력이 지구보다 작기 때문에 무게가 85퍼센트 감소한다.

차원 dimension 어떤 대상이나 사건을 설명하는 데 사용되는 기본적인 척도다. 인간은 길이, 폭, 높이, 시간이라는 네 가지 차원을 인식한다. 하지만 몇몇 과학 이론은 수학을 통해서만 파악할 수 있는 그보다 더 다양한 차원을 다룬다.

핵 nuclear 원자 내부에 물질이 빽빽하게 들어찬 중심부로 그 안에 양성자뿐만 아니라 보통은 중성자도 포함된다. 양성자가 있으면 핵이 양전하를 띠며, 음전하를 띠는 전자들이 핵 주위를 끌려들어와 돌며 원자가 완성된다. 원자의 거의 모든 질량은 핵에 들어 있다.

빅뱅 이론

30초 이론

우리가 하늘에서 보는 모든 별은 우리은하라 불리는 계의 일부다. 은하수에는 수천억 개의 별이 있고, 수천억 개의 은하가 우주를 가로질러 흩어져 있는데 대부분 중력에 의해 서로 가까이 모여 은하단을 이룬다. 은하단은 하나의 단위로 함께 움직이는 거대한 벌 떼와 같다. 은하단의 이동 방식에 대한 연구에 따르면 시간이 지남에 따라 은하단은 서로 더 멀리 떨어진다. 이 점을 가장 잘 보여주는 증거는 멀리 떨어진 은하에서 오는 빛의 적색편이다. 은하에서 나온 빛이 붉게 보이는 적색편이가 일어난다는 건 모든 은하단이 다른 모든 은하단에서 점차 멀어지며 팽창의 중심점은 없다는 것을 보여준다. 은하단 사이에 펼쳐져 있는 이런 공간은 일반 상대성 이론으로 설명된다. 먼 옛날에는 오늘날 눈에 보이는 우주의 모든 은하와 별, 물질이 자몽 크기만 한 한 곳에 높은 에너지를 갖고 뭉쳐 있었다. 그러다 빅뱅이 일어나 물질이 폭발적으로 퍼졌는데, 오늘날 천문학자들은 은하단이 멀어지는 속도를 측정해 빅뱅이 지금으로부터 약 137억 년 전에 일어난 일이라고 추정한다.

관련 이론
다음 페이지를 참고하라
상대성 이론 30쪽
우주의 팽창 120쪽
우주의 운명 130쪽
에크파이로틱 이론: 132쪽

3초 인물
조르주 르메트르(1894~1966)
알렉산더 프리드먼(1888~1925)
에드윈 허블(1889~1953)
조지 가모브(1904~1963)

30초 저자
존 그리빈

3초 요약
오늘날 주변에서 볼 수 있는 모든 것들은 137억 년 전 아주 뜨겁게 가열된 자몽 크기의 물질에서 폭발적으로 팽창하며 생겨났다.

3분 통찰
빅뱅은 우리에게 몇 가지 질문을 제기한다.
첫째, 우주는 어떻게 시작되었는가? 그 모든 물질이 뭉쳐 있던 자몽은 어디에서 왔는가?
둘째, 이 모든 것은 어떻게 끝나는가? 첫 번째 질문은 우주의 팽창 이론이 설명한다. 아주 작은 아원자 크기의 씨앗이 양자효과 때문에 자몽 크기로 팽창했다는 사실을 알려주기 때문이다. 그리고 두 번째 질문은 우주의 팽창 속도가 점차 더욱 빨라지고 있다는 최근의 발견 결과로 답할 수 있다. 그러니 우주는 아마도 영원히 팽창할 것이고 은하는 점점 더 먼 우주의 어둠 속으로 퍼져나갈 것이다.

우주 전체의 무게만큼 무겁고 엄청나게 높은 온도로 달구어진 자몽을 상상해보라. 빅뱅이 벌어질 무렵 비슷한 광경이었을 것이다.

엄청나게 뜨거운 자몽이
막 폭발하려는 찰나다.

암흑물질과 암흑에너지

30초 이론

관련 이론
다음 페이지를 참고하라
우주의 운명: 130쪽

3초 요약
모든 은하를 통틀어 별들의
질량은 우주 전체 질량의
1퍼센트 미만이다.

3분 통찰
중입자가 아닌 암흑물질이나
암흑에너지가 필요하지
않을 유일한 가능성은
중력에 대한 우리의 지식이
아예 틀렸을 경우뿐이다.
하지만 그러려면 일반
상대성 이론을 완전히
바꿔야 한다. 하지만 그건
매우 어려운 일이다. 왜냐면
일반 상대성 이론이 그동안
설명했던 모든 것을 새로운
다른 이론이 설명하고,
이후의 다른 관찰 결과와도
맞아야 하기 때문이다.
지금까지 누군가 그러한
새로운 이론을 고안했어도
새로운 관찰 결과에 의해
반박됐다.

별이 방출하는 빛의 양은 별의 질량에 따라 다르다. 그래서 천문학자는 별이 얼마나 밝은지를 측정해 그것의 무게를 알아낼 수 있다. 그리고 중력은 물체가 움직이는 방식에 영향을 미치기 때문에, 천문학자들은 은하가 움직이는 방식과 우주의 팽창 속도를 연구해 우주의 무게 역시 알아낼 수 있다. 모든 은하를 통틀어 별들의 질량을 다 합쳐도 은하가 움직이고 우주가 팽창하는 방식을 설명하는 데 필요한 우주 전체 질량의 1퍼센트 미만이다. 빅뱅에서 어떻게 원자(여러분을 비롯해 주변에 있는 모든 것들을 이루는 입자)가 만들어졌는지 살펴보면, 별들 사이 먼지와 기체 구름 속에 별의 질량보다 약 4배 많은 원자 암흑물질이 존재한다는 사실을 알 수 있다. 이런 물질을 '중입자 물질'이라고 하는데, 원자에서 발견되는 큰 입자인 중입자들로 이루어졌기 때문이다. 오늘날 중입자 물질은 우주 전체 질량의 4퍼센트 정도를 차지한다고 여겨진다. 그런데 은하들이 움직이는 방식을 보면, 중입자가 아닌 더 작은 아원자 입자로 이루어진 암흑물질이 앞서 설명한 물질들보다 4배에서 5배 더 많이 존재한다는 사실을 알 수 있다. 하지만 그래도 여전히 우주가 팽창하는 방식을 설명하는 데 필요한 질량의 약 74퍼센트가 아예 사라진 채다. 최근 이론에 따르면 이것의 정체는 우주를 채우는 '암흑에너지'로서 우주를 더 빨리 팽창하게 만든다.

3초 인물
프리츠 츠비키(1898~1974)
베라 루빈(1928~2016)
사울 펄무터(1959~)

30초 저자
존 그리빈

여러 별에서 오는 빛을 살펴보면 별이 차지하는 무게는 우주 전체의 일부일 뿐이다. 우주에 존재하는 대부분의 물질은 지구에서 관찰하기에는 너무 어두우며 상당수는 아예 보이지 않는다.

암흑에너지 - 74%

암흑물질 - 22%

보통의 물질
(행성, 별, 먼지와 기체) - 4%

우주

우주 전체 물질의
96퍼센트가 사라진 듯
잘 보이지 않는다고 해도
혼란에 빠지면 안 된다!

우주의 팽창

30초 이론

빅뱅 이론은 '우주의 팽창'이라 불리는 사건을 포함한다. 우주 전체가 하나의 점에 갇혀 있다가 엄청나게 뜨거운 불덩어리로 팽창한 다음 식어서 여러 은하와 별이 되었다. 이때 양자적인 불확실성 때문에 아무것도 없는 공간에서 작은 에너지 꾸러미가 나타난다. 보통 이러한 '진공 요동'은 1초도 안 되는 아주 짧은 시간 안에 사라진다. 하지만 만약 그런 거품 꾸러미가 스칼라장이라고 알려진 형태의 에너지를 포함한다면, 스칼라장은 반중력으로 작용하기에 장이 열의 형태로 에너지를 방출해 반중력 효과가 끝날 때까지 지름이 약 10센티미터 정도의 자몽 크기로 거품을 급격히 팽창시킬 할 것이다.

이러한 팽창 과정이 끝나면 우주는 자몽 크기의 온도가 높은 에너지 덩어리이며, 부피가 늘어나며 받은 압력 때문에 여전히 서서히 팽창하는 중이다. 이것이 바로 빅뱅이다. 팽창 이론이 예측한 바에 따르면 자몽 단계에서 특정한 패턴을 지닌 잔물결이 시공간에 각인된다. 이러한 잔물결은 우주가 계속 팽창함에 따라 중력가속도에 의해 은하와 은하단이 성장하는 바탕이 되는 불규칙성을 제공했다. 오늘날 우주에서 관찰되는 은하와 은하단의 패턴은 팽창 이론에서 예측된 잔물결의 패턴과 정확히 일치한다.

3초 요약
우리 우주는 아주 짧은 시간 동안 양성자 하나보다도 훨씬 더 작은 부피의 공간이 팽창하며 생겨났다.

3분 통찰
빅뱅은 팽창 이론으로 설명되지만, 팽창 이론은 무엇으로 설명할 수 있을까? 아무것도 없는 '무'에서 진공 요동이 일어났던 걸까? 일부 우주론자는 팽창이 일어나기 전, 그 안에서 초기 요동이 일어났을 또 다른 공간을 연구하고 있다. 그 우주 공간은 우리와 같은 또 다른 우주일 수 있으며, 만약 그렇다면 우리 우주도 다른 우주를 '낳을' 수 있을 것이다. 이처럼 우주가 불사조처럼 자신의 재에서 다시 태어난다는 에크파이로틱(Ekpyrotic) 이론은 오늘날 팽창 이론의 유일한 라이벌이다.

관련 이론
다음 페이지를 참고하라
양자역학 38쪽
불확정성 원리 40쪽
빅뱅 이론 116쪽
에크파이로틱 이론 132쪽

3초 인물
앨런 구스(1947~)
안드레이 린데(1948~)

30초 저자
존 그리빈

우주에서 빛보다 더 빨리 움직일 수 있는 것은 없다. 시공간 자체가 아니라면 말이다. 팽창이 일어나는 동안 우주가 확장되면서 전 우주적인 최대 제한 속도가 깨졌다.

인류 원리

30초 이론

우리가 알고 있는 바와 같이, 지금 우리가 거주하는 우주는 생명체가 살기에 딱 알맞다. 만약 중력이 조금 더 컸다면 별들은 더 작아졌을 것이다. 그러면 별들은 핵연료를 더 빨리 소모해 우리와 같은 복잡한 생명체가 진화하기도 전에 일찍 다 타버렸을 것이다. 인류 원리에 따르면, 우리는 중력의 세기 같은 특정한 값을 추정하는 과정에서 우리가 이 우주에 존재한다는 사실을 활용할 수 있다. 잘 알려진 예지만 천문학자 프레드 호일은 1950년대에 탄소 원자핵의 특정한 속성을 예측하는 과정에서 이 논리를 활용했다. 그 속성이 없었다면 탄소는 별 내부에서 만들어지지 않았을 테고, 그러면 우리도 존재하지 못했을 것이다. 우리 같은 생명체는 탄소에 의존하기 때문이다. 하지만 우리가 이렇게 존재하니 그 속성에 대한 예측은 참이다. 호일의 예측은 나중에 실험적으로 확인되었다. 그렇다면 여기서 질문은 어째서 우주가 '골디락스' 이야기에 나오는 아기곰의 오트밀 죽처럼 우리에게 '딱 들어맞는'지다. 몇몇 사람들은 우리가 존재하도록 우주가 설계되었다고 생각한다. 반면에 우주가 '다중 우주'로 다수 존재하며, 우리 같은 생명체는 우리 우주에만 존재한다는 뜻이라고 여기는 사람들도 있다.

관련 이론
다음 페이지를 참고하라
희귀한 지구 가설 110쪽

3초 인물
프레드 호일(1915~2001)

30초 저자
존 그리빈

3초 요약
우주가 생명체가 살기에 딱 적합하다는 건, 우리 같은 존재를 염두에 두고 설계됐다는 뜻일까?

3분 통찰
인류 원리는 약한 형태와 강한 형태, 두 종류로 나뉜다. 약한 인류 원리에서는 모든 물리량과 우주론적 양의 관측값이 동등한 개연성을 갖지 않으며, 우주 어딘가에서 탄소 기반의 생명체가 출현할 수 있는 값을 취했을 뿐이라는 것이다. 반면에 강한 우주 원리에 따르면 우주는 그것이 거쳐온 역사의 특정 단계에서 생명체가 발달하도록 허용해야만 했다는 입장이다.

122

우주에서 지구의 위치는 '골디락스' 이야기 속 아기 곰의 오트밀 죽과 같다. 온도가 너무 뜨겁지도 않고 너무 차갑지도 않다. 이 모든 게 과연 우연일까?

먹기 좋은 오트밀 죽처럼, 우리
우주는 우리 같은 생명체가
살아가기에 마침 딱 알맞다.

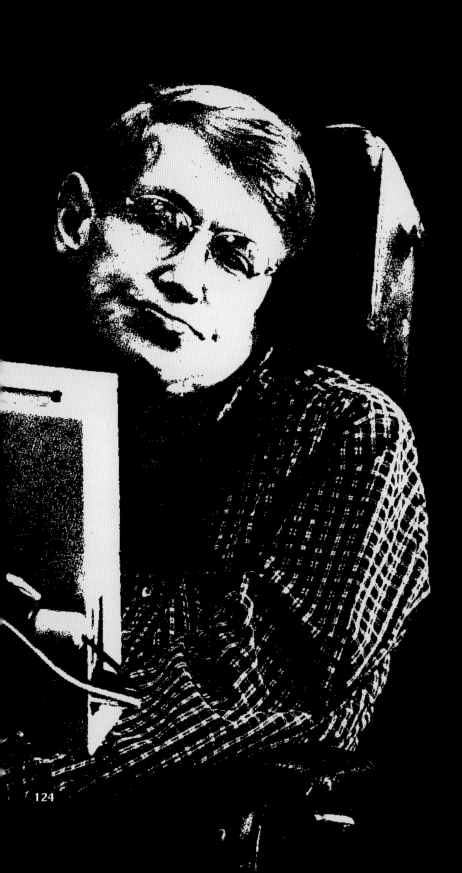

1942
영국 옥스퍼드에서 태어남

1963
우주론을 연구하기 시작함.
근위축성측색경화증
(루게릭병) 진단을 받음

1974
호킹 복사의 개념을 제안함

1979
임브리지 대학교 수학과
교수로 임명됨

1988
《시간의 역사: 빅뱅에서
블랙홀까지》를 출간함

2002
《모든 것의 이론》을 출간함

2007
사지 마비 환자로는 처음으로
무중력 상태에서 둥둥 뜨는
체험을 함

2018
케임브리지 자택에서 사망

스티븐 호킹

스티븐 호킹은 알베르트 아인슈타인으로부터 '과학자의 아이콘'이라는 지위를 물려받았다. 근육 소모성 질환으로 몸이 거의 마비된 호킹은 휠체어에서 꼼짝도 못한 채 컴퓨터가 만들어내는 음성으로 외부와 소통한다. 무력한 몸 안에 갇힌 날카롭고 냉철한 정신을 가진 과학자라는 이미지 덕분에 호킹은 전 세계적으로 유명세를 얻었다. 하지만 과학계에서 그의 위상은 이론 물리학 분야의 업적 덕분이다. 그래서 호킹은 한때 아이작 뉴턴이 맡았던 케임브리지 대학의 교수직을 맡기도 했다.

호킹은 1942년 영국 옥스퍼드에서 태어났다. 고향에서 대학을 다닐 때 그의 학업 성적은 평범했다. 그때까지만 해도 건강에 전혀 문제가 없던 호킹은 공부보다 사람들과 어울리는 것을 더 좋아했다. 그러다 1962년에 호킹은 박사과정을 밟으려고 케임브리지 대학으로 넘어왔다. 얼마 지나지 않아 그에게 병이 찾아왔다. 그래도 이 시기에 호킹은 우주의 기원과 운명에 대한 연구인 우주론에 관심이 생겼다. 케임브리지 대학에서 수행했던 우주론 연구는 그에게 일생의 업적이 되었다.

1970년대 들어 호킹은 블랙홀 전문가로 거듭났다. 오늘날 대부분의 사람들은 빛도 빠져나가지 못할 만큼 무척이나 강력한 중력을 가진 밀도 높은 천체인 블랙홀에 대해 한 번쯤 들어봤을 것이다. 하지만 1974년에 호킹은 이미 이 정의를 다음 단계로 발전시키는 중이었다. 블랙홀은 수십억 톤의 물질을 담고 있지만 크기는 양성자 하나만큼 작을 수 있다. 이 무겁고도 작은 천체는 양자역학(작은 것들에 대한 이론)뿐만 아니라 상대성 이론(큰 것들에 대한 이론)으로도 설명할 수 있었다. 호킹은 이 두 이론을 활용해 블랙홀이 실제로 작은 입자의 형태로 물질을 방출한다는 사실을 보였고 이 현상에는 '호킹 복사'라는 이름이 붙었다.

1988년에 호킹은 역사상 가장 많이 팔린 우주론 책인 《시간의 역사》를 출간했다. 이후로 호킹은 유명인의 반열에 올라 팝 음악이나 광고에도 그의 컴퓨터 음성이 사용될 정도였다. 호킹은 2007년에 나사의 훈련용 비행기에 탑승해 무중력 상태를 경험했고 2009년에는 우주 비행을 계획했으나 실현되지 않았다.

우주 위상학

30초 이론

3초 요약
우주는 5차원 축구공처럼
생겼을지도 모른다.

3분 통찰
만약 우주가 유한하다면,
거울로 이뤄진 방처럼
우주의 어떤 부분은 다른
곳에서 반복 될지도 모른다.
그러면 밤하늘을 관찰할 때,
밤하늘의 다른 구역에 같은
패턴이 '유령 이미지'처럼
나타날 것이다. 그리고 이
패턴은 어떤 것은 앞면이
보이고 어떤 것은 뒷면이
이미지처럼 보일 것이다.
이러한 패턴이 아직 발견
되지는 않았지만, 앞으로
우주 관측소에서 이런
패턴을 감지할지도 모른다.

우주는 어떤 모양을 띨까? 위상학이란 어떤 모양이 찢어지지 않은 채 다른 모양으로 바뀌는 여러 방식을 연구하는 분야다. 위상수학자들은 도넛과 커피 컵을 구분할 수 없는 사람들이다! 만약 도넛이 고무로 만들어져 있다면 그것을 늘여 컵을 만들 수 있다. 안쪽 고리가 컵의 손잡이가 되고 나머지는 컵의 몸통이 되는 식이다. 대부분의 천문학자들은 우주가 무한하다고 생각한다. 하지만 만약 그것이 유한하다면 매우 큰 도넛 모양이 될 수 있다. 그러면 여러분이 도넛의 고리를 한 바퀴 돌든 반대 방향으로 돌든 똑같은 은하가 보일 것이다.

좀 더 복잡한 위상학 이야기를 해보자. 맞은편의 면들이 서로 이어져 있는 정육면체를 상상해 보라. 만약 여러분이 우주선을 타고 정육면체의 '지붕'을 타고 올라간다면 다시 '바닥'을 통해 정육면체로 돌아올 것이다. 하지만 비록 우주가 유한하다고 할지라도 관측된 결과에 따르면 우주는 이보다 복잡한 위상학적 특성을 띤다. 빅뱅 이후 남겨진 복사선 연구 결과는 우리 우주가 축구공을 만드는 가죽 조각의 3차원 배열과 매우 비슷한 5차원의 12면체 모양일 가능성이 있다고 한다.

관련 이론
다음 페이지를 참고하라
빅뱅 이론 116쪽

3초 인물
장 피에르 뤼미네(1951~)

30초 저자
존 그리빈

위상학자들에게 커피와 도넛은 특히 더 잘 어울리는 짝꿍이다. 위상학자들이 보기에 도넛과 커피 컵은 모양이 같고 단지 옆면의 길이와 각도만 다를 뿐이다.

도넛을 변형시키면
컵 모양이 된다.

도넛의 구멍은 컵의
손잡이 구멍에 해당한다.

평행세계

30초 이론

우리 우주는 아주 작은 빈 공간에서 팽창이 일어나면서 시작된 것으로 여겨진다. 오늘날에도 암흑 에너지 때문에 우주는 점점 더 빠르게 팽창하고 있으며 그 안의 물질들을 훨씬 더 성기게 퍼뜨리는 중이다. 결국 남은 것은 빈 공간뿐이다. 그리고 우주의 팽창은 빈 공간에 더 많은 우주를 만들 수 있다. 여기에 숨은 뜻은 우리 우주가 끝도 시작도 없는 영원한 팽창 과정 중에, 과거에 생성된 여러 다중 우주 가운데 하나라는 것이다. 이러한 방식으로 생성되는 '거품 우주'는 무한히 많을 수 있다. 그렇다면 과연 물리 법칙이 그 모든 우주에서 동일할 것이라 기대할 이유가 있을까? 어떤 우주는 생명체가 살기 적당한 장소일 테지만 그렇지 않은 우주도 있을 것이다. 이것은 인류가 포함된 우주론의 수수께끼를 해결하도록 돕는다. 그리고 세상에는 여러분이 이 책을 쓰고 내가 읽고 있는 우주, 남북전쟁에서 북부가 아닌 남부가 승리한 우주, 공룡이 멸종하지 않은 우주를 비롯해 우리가 상상할 수 있는 모든 사건들이 실제로 일어나는 우주가 존재할 것이다.

3초 요약
우리 우주는 무한한 '다중 우주' 가운데 하나일 뿐이다. 다중 우주에서는 가능한 모든 사건이 어딘가에서는 꼭 일어난다.

3분 통찰
다중 우주 개념은 슈뢰딩거의 고양이가 죽어 있는 동시에 살아 있다는 개념과 매우 비슷하다. 이것을 설명하는 한 가지 방법은 두 개의 우주가 존재해 한 곳에서는 고양이가 죽었지만 다른 한 곳에서는 살아 있다는 것이다. 이것을 '다세계 이론'이라고 부르기도 한다. 고양이는 동시에 두 상태에 있지만 각기 다른 우주에 있다.

관련 이론
다음 페이지를 참고하라
양자역학 38쪽
불확정성 원리 40쪽
슈뢰딩거의 고양이 42쪽
우주의 팽창 120쪽
인류 원리 122쪽
에크파이로틱 이론 132쪽

3초 인물
휴 에버렛(1930~1982)
데이비드 도이치(1953~)
막스 테그마크(1967~)

30초 저자
존 그리빈

우리는 이 우주에 단 하나뿐일까? 아마도 그럴 것이다. 하지만 분명 또 다른 우주에 우리와 비슷한 다른 지구가 존재할 것이다.

우리 우주 바깥 저 너머에
지구와 똑같은 행성이
얼마나 많을까?

우주의 운명
30초 이론

3초 요약
물질이 터져 나갈 때까지
점점 더 빠르게 팽창하는 게
이 우주의 운명이다.

3분 통찰
일부 이론가는 우주가
팽창하는 가속도 자체가
증가하는 중이라고 추측한다.
만일 그게 사실이라면,
팽창이 너무 빨라진 나머지
앞으로 불과 200억 년 뒤에
는 우리은하가 찢어져 흩어
지고 만다. 우주 전체가
찢어지기까지도 겨우
600억 년이 걸릴 뿐이다.
만약 이 이론가가 옳다면
현재의 우주는 25세의
성인처럼 일생의 약 3분의
1을 이미 지난 상태다.

암흑에너지는 우주 팽창을 가속한다. 만약 이 과정이 계속되고 또 그러지 않을 것이라는 이유가 딱히 없다면, 시간이 지날수록 팽창은 점점 더 빨라질 것이다. 처음에는 이것이 물질에 직접적인 영향을 미치지 않는다. 은하계 내에서 별은 여전히 태어나고 죽을 것이다. 하지만 별을 만드는 재료 물질이 다 떨어져 가면서 은하는 점점 희미해질 것이고, 다양한 형태의 죽은 별들, 즉 백색 왜성과 중성자별, 블랙홀 내부에 갇힌 물질이 더 많아질 것이다. 그리고 이런 일이 진행되는 동안 은하단은 점점 빠른 속도로 멀어질 것이다. 우리 은하는 국소 은하단이라고 알려진 작은 은하단의 일부다. 현재 우주 나이의 약 10배인 수백억 년 안에 이 작은 은하단 바깥으로는 아무것도 보이지 않을 것이다. 그 결과 우주는 중력을 비롯한 다른 힘들을 이기고 매우 빠르게 팽창할 테고 물질로 이루어진 모든 대상은 터져 나간다. 그러면 물질이 널리 성기게 퍼지면서 다시 팽창을 거쳐 하나 이상의 새로운 우주가 탄생할, 이상적인 조건이 갖춰진다.

관련 이론
다음 페이지를 참고하라
암흑물질과 암흑에너지 118쪽
우주의 팽창 120쪽

3초 인물
알렉산더 프리드먼(1888~1925)

사울 펄무터(1959~)

30초 저자
존 그리빈

결국 우주를 처음 만들어 낸 힘이 우주를 갈기갈기 찢을 것이다. 그러기까지 1 뒤에 0이 11개 이어지는 숫자의 햇수가 남았지만 말이다.

암흑에너지는 결국 우주를
터뜨리고 찢어낼 것이다.

에크파이로틱 이론

30초 이론

'에크파이로틱'은 그리스어로 '불 속에서 태어난'이란 뜻이다. 그러니 어쩌면 '불사조 우주 이론'이 보다 알맞은 이름일지도 모른다. 이 이론에 따르면 우리 우주는 5차원에서 아주 작은 거리만큼(원자 하나의 지름보다 작게) 떨어져 있는 한 쌍의 3차원 우주 중 하나이다. 이것은 사실상 공간 속의 4차원이지만 '4차원'은 이미 시간을 묘사하는 단어이기는 하다. 어쨌든 우리 우주의 모든 지점은 다른 우주의 한 지점과 이웃해 있다. 현재 두 우주는 천천히 서로 멀어지는 중이다. 동시에 각각의 우주는 그 자체로 팽창하고 있어서 내용물은 점차 성기게 변해간다. 나중에는 텅 빈 공간에 지나지 않을 것이다. 이런 일이 벌어질 때쯤에는 용수철 같은 힘이 5차원을 따라 두 우주를 다시 끌어당긴다. 그래서 텅 빈 두 우주가 충돌하면, 에너지가 방출되고 물질로 변하면서 새로운 빅뱅이 발생한다. 이때 양자적인 효과 때문에 두 우주의 서로 다른 부분들이 각기 다른 시점에 서로 맞닿아, 은하가 자라나는 씨앗인 잔물결을 만든다. 그러면 두 우주는 튕겨져 나가며, 이후 모든 과정이 되풀이된다. 이것은 빅뱅 이론에 맞서는 가장 유력한 대안이다. 이 설명에서는 우주가 팽창하는 첫 번째 단계가 꼭 필요하지 않다.

관련 이론
다음 페이지를 참고하라
빅뱅 이론 116쪽
평행세계 128쪽
우주의 운명 130쪽

3초 인물
닐 튜록(1958~)

30초 저자
존 그리빈

3초 요약
우리 우주는 5차원 속 두 우주의 충돌 과정에서 태어났을지도 모른다.

3분 통찰
놀랍게도 에크파이로틱 이론은 실험으로 검증될 수 있다. 팽창 이론이 예측하는 바에 따르면 우주는 중력파라고 불리는 잔물결로 가득 차 있을 것이다. 하지만 에크파이로틱 이론은 이 현상이 일어날 것이라 예측하지 않는다. 이제 몇 년 뒤 두 이론을 실험으로 검증할 만큼 민감한 중력파 탐지기가 우주로 발사될 예정이다. 만약 중력파가 발견된다면, 에크파이로틱 이론이 틀렸다는 점이 증명된다. 반면에 중력파가 발견되지 않는다면 팽창 이론이 틀린 셈이다. (2016년에 중력파가 검출되었다.)

5차원 시공간 속 에크파이로틱 우주를 상상해 보라. 여러분은 눈에 보이지 않는 상대 우주로 왔다 갔다 이동하다가 빅뱅의 연속된 단계를 거쳐 튕겨 나갈 것이다.

빅뱅

충돌 지점

에크파이로틱 우주에는
한순간도 바람 잘 날이 없다.
빅뱅이 끊임없이
일어나기 때문이다.

정보와 지식

정보와 지식
용어

DNA 디옥시리보핵산의 약칭으로, 유전자 암호를 전달하는 긴 사슬 모양의 화학물질이다.

논리학자 logician 다양한 형태의 논리를 연구하는 학자다. 논리란 어떤 문제를 해결하는 데 적용할 수 있는 사고 체계를 말한다.

다윈의 진화론 Dawinian evolution 위대한 자연주의자 찰스 다윈이 주장한 자연 선택에 따른 진화 이론이다. 이 이론에 따르면 생명체들은 다른 환경 조건에서 생존하고자 여러 해에 걸쳐 변화하고 적응한다. 조건이 변화하면 자연은 그 조건에서 가장 잘 생존할 수 있는 생명체를 선택한다. 한 집단 내의 개별적인 생명체는 언제나 조금씩 차이가 나는데, 이러한 차이들은 부모에서 후손으로 전해진다. 그리고 그 집단 중 몇몇은 다른 집단에 비해 생존과 번식에 더 뛰어나다. 다윈의 용어대로 표현하자면 그들은 '적응도가 더 높다'. 개체의 적응도가 높을수록 후손을 많이 생산한다. 그러면 각각의 후손 세대는 적응도가 높은 개체를 더 많이 포함할 테고, 적응도가 떨어지는 생명체의 형태는 적응도가 높은 사촌과 벌이는 경쟁에서 패배해 사라질 것이다. 자연 선택에 의한 진화는 이런 식으로 일어난다.

밈 meme 문화 속에서 사람에서 사람으로 퍼져나가는 아이디어, 패턴, 행동양식, 스타일, 믿음 체계. 밈 이론에서는 밈이 마치 생물학적 유전자(gene)처럼 진화하고 돌연변이가 일어난다고 주장한다.

법칙 law 자연에서 관찰된 패턴을 간단히 설명한 것. 대부분 법칙은 방정식으로 표현된다.

복제자 replicator 부모로부터 자손에게 물려주거나, 그 밖의 다른 방법으로 운반자가 죽어도 살아남는 실체를 말한다.

선형의 linear 직선과 관련된 것을 말한다. '선형 관계'란 관련된 실체 사이에 변하지 않는 직접적인 연결 고리가 생기는 것이다. 이 관계를 그래프로 표현한다면 직선이다. 반면에 비선형 관계는 성질이 매우 다르며 시각적으로 표현하기도 더 어렵다.

소프트웨어 software 컴퓨터가 특정한 기능을 수행하거나 특정 유형의 문제를 해결하도록 컴퓨터에 부여한 명령을 말한다. 컴퓨터의 물리적인 부분은 하드웨어라고 부른다.

알고리즘 algorithm 해결책을 찾거나 특정 기능을 수행하는 데 사용되는, 여러 단계로 구성된 절차를 말한다. 컴퓨터 프로그램은 일련의 연산을 수행하도록 설정된다는 점에서 알고리즘의 하나다. '알고리즘'이라는 단어는 9세기의 아랍 수학자 알콰리즈미의 이름에서 유래했다.

유전자 gene 이 단어는 꽤 다른 두 가지 주된 정의가 있다. 첫 번째는 유전자가 유전의 단위라는 것이다. 이 정의는 오늘날 통용되는 가장 인기 있는 유전자의 개념과 관련이 깊다. 누군가 파란 눈의 유전자가 있다고 말하면, 우리 모두는 그 사람이 부모로부터 그 특성을 물려받았다는 의미로 이해한다. 하지만 이 정의는 그 사람의 눈을 파랗게 하는 물리적인 요인이 무엇인지 우리에게 말해주는 바가 적다. 이 질문에 답할 수 있는 것이 유전자에 대한 두 번째 정의다. 한 가닥의 DNA가 바로 유전자라는 것이다. DNA는 생물체의 암호화된 청사진을 실어 나르는 복잡한 화학물질이다. 유전자는 이 DNA의 한 부분으로서, 살아 있는 세포의 어떤 기능을 담당할 부분으로 번역될 암호 꾸러미를 운반한다.

응용수학 applied mathematics 문제 해결에 적용할 수 있는 수학적 도구를 개발하고자 하는 수학 분야다. 대조되는 분야는 이론 수학으로 수 자체가 갖는 여러 관계를 다룬다.

집적 회로 integrated circuit 스위치와 그 밖의 부품을 포함해 하나의 재료로 전체 회로를 만든 전자 장치다. 가장 많이 사용되는 재료는 실리콘이며, 오늘날 집적 회로는 실리콘 웨이퍼 표면에 식각된다. 회로를 보다 작게 만들면 컴퓨터와 같은 전자 장치가 한 번에 더 많은 기능을 수행할 수 있기 때문에 작동 속도가 빨라진다.

컴퓨터 모델 computer model 컴퓨터가 실제 세계를 시뮬레이션하는 것. 컴퓨터 과학은 이런 모델을 활용해 한 원자가 다른 원자와 결합하는 것과 같이 우리 눈에 직접 보이지 않는 자연 속 과정을 연구한다. 컴퓨터 모델을 사용하면 어떤 시스템이나 구조를 실제로 구현하지 않아도 그것을 테스트할 수 있다. 미래에 어떤 일이 일어날지 예측하는 데 사용되는 모델도 존재한다.

태양 중심 우주 heliocentric 지구가 아닌 태양을 중심으로 한 우주 이론을 말한다.

팀 teme 기술로 생성되고 복제된 밈을 말한다.

정보 이론
30초 이론

3초 요약
우리는 모두 정보에 의존해 살아간다. 정보 이론은 정보가 실제로 무엇인지와 함께, 가능한 한 왜곡 없이 빠르게 그 정보에 접근하는 방법을 알려준다.

3분 통찰
정보 이론은 한 괴짜 공학자의 수학 연구에서 시작되었을지 모르지만, 결국 생명체와 우주를 비롯한 거의 모든 것에 대한 심오한 의미를 담고 있는 것으로 밝혀졌다. 생물학자는 유전자가 올바르게 작동하도록 하는 게 DNA가 정보 이론의 핵심 요소를 포함하고 있기 때문이라고 했고, 이론 물리학자들은 정보 이론과 블랙홀, 물리학 분야의 기본 법칙 사이에서 연관성을 발견했다.

다들 정보가 무엇인지 알고 있다고 생각하지만, 사실 단순한 개념은 아니다. 정보의 진정한 속성을 보여주는 이 이론은 정보를 포장해서 가능한 빠르고 흠 없이 전송하는 방법을 알려준다. 이 정보 이론은 고화질 디지털 텔레비전과 DVD, 휴대폰, 슈퍼마켓 제품에 붙은 바코드에 이르기까지 수많은 우리 일상 속 기술을 뒷받침한다. 그 바탕에는 1940년대 젊은 나이에 정보에 대한 수학 이론을 개발한 미국의 뛰어난 공학자 클로드 섀넌의 연구가 있다. 섀넌이 알아낸 정보의 가장 근본적인 단위는 '비트'였는데, 이것은 참이거나 거짓인 상태, 즉 1 또는 0의 값을 취할 수 있었다. 이후 섀넌은 수학적 정의를 활용해 정보가 어떻게 빠르고 왜곡 없이 완벽하게 전송될 수 있는지에 대한 숱한 통찰을 보여주었다. 그 결과는 소위 '압축 알고리즘'의 기초를 이루는데, 이 알고리즘은 한 편의 영화 전체를 DVD에 넣거나 인터넷을 통해 전송할 수 있게 해준다. 그뿐만 아니라 정보 이론은 '오류 수정 코드'로도 이어져, 대서양을 횡단하는 통화의 품질을 선명하게 유지하거나 슈퍼마켓에서 땅콩 봉지가 구겨져 있어도 바코드를 읽을 수 있도록 돕는다.

관련 이론
다음 페이지를 참고하라
양자 얽힘 48쪽

3초 인물
클로드 섀넌(1916~2001)

30초 저자
로버트 매슈스

정보 이론은 사람의 음성이나 그림, 숫자를 1과 0으로 이뤄진 코드로 바꿀 수 있게 했다. 이 코드는 저장하거나 전송, 복사하기가 더 쉽다.

바코드에서 DVD에 이르기까지,
섀넌은 수학적 정의로 정보를
매우 깔끔하게 정량화했다.

무어의 법칙

30초 이론

3초 요약
컴퓨터를 더 좋은 것으로 바꾸고 싶어도 최대한 참아라. 2년마다 가성비가 최대로 높아지는 시점이 오기 때문이다.

3분 통찰
무어의 법칙은 컴퓨터의 연산 능력이 얼마나 커질지 예측했지만, 이 능력이 점점 더 비대해지는 소프트웨어 패키지에서 낭비될 수도 있다는 점은 놓쳤다. 소프트웨어 설계자들은 한때 초기 컴퓨터의 작은 메모리에 적합하도록 코드를 압축시켜야 했지만, 이제는 그런 제약이 훨씬 줄어들었다. 그래도 최종 사용자들이 실망스러운 컴퓨터의 성능에 좌절하는 일은 수십 년 전이나 지금이나 여전히 생기지만 말이다.

불과 몇 년 전의 컴퓨터들이 삐걱거리는 박물관의 유물처럼 보인다. 가격은 거의 그대로인 반면, 컴퓨터가 한 번에 다루는 숫자의 단위, 메모리, 하드디스크 용량은 계속해서 치솟는 중이기 때문이다. 컴퓨터가 이렇듯 놀랄 만한 속도로 발전한다는 사실을 처음 확인한 사람은 지금으로부터 훨씬 오래전 마이크로칩 제조업체인 인텔을 공동 설립한 고든 무어였다. 〈일렉트로닉스〉지에 기고한 글에서 무어는, 엔지니어들이 각 집적회로에 올려놓을 수 있는 전자 부품의 수가 10년 안에 약 50개에서 6만 5000개로 증가할 것이며 이것은 대략 매년 2배로 증가하는 셈이라고 설명했다. 이후 1975년 들어 무어는 이 속도를 다소 늦춰 오늘날 자신의 이름을 딴 법칙을 정립했다. 2년마다 컴퓨터의 연산 능력이 2배로 증가한다는 법칙이었다. 이후로 이 '무어의 법칙'은 놀라울 만큼 잘 들어맞는다는 점이 입증되었고, 적어도 앞으로 한동안 그대로 유지될 것이라 예상된다. 최소한 그것은 마이크로칩 제조업계가 성취하고자 열망하는 목표이기도 하다. 하지만 이런 식으로 나아가다가는 물리적인 한계 탓에 이 법칙은 결국 무너질 것이다. 전자 부품의 크기에는 한계가 있기 때문이다. 무어 자신도 그 종말이 2025년쯤에 올 것이라 예견한다.

관련 이론
다음 페이지를 참고하라
양자역학 38쪽

3초 인물
고든 무어(1929~2023)

30초 저자
로버트 매슈스

컴퓨터를 구매할 생각인가? 조금만 더 기다리는 건 어떨까? 컴퓨터는 언제나 어제보다 더 빠르고, 더 좋고, 더 저렴해지고 있으니 말이다.

집적 회로에 들어가는 트랜지스터의 숫자

10,000,000,000
1,000,000,000
100,000,000
10,000,000
1,000,000
100,000
10,000
2,300

1971   1980   1990   2000   2010

적어도 2025년까지는,
컴퓨터는 점점 더 좋아지고
부품은 점점 더 작아질 것이다.

오컴의 면도날

30초 이론

깔끔하고 단순한 설명은 언제나 감탄을 불러일으킨다. 여기에는 이유가 있다. 윌리엄 오컴이라는 14세기 영국의 논리학자에 따르면, 난해하고 너저분한 설명보다 간단하고 우아한 설명이 옳을 가능성이 더 높다. 그래서 오컴은 무언가를 설명할 때 가정을 최소한으로 줄이라고 권했다. 즉, 면도날로 자르듯이 가정은 최소한도로 줄이라는 것이다. 근본적인 이유는 자연이 복잡함보다 단순함을 더 선호하기 때문이다. 이런 원리가 들어맞는 사례는 어렵지 않게 들 수 있다. 중세시대 동안 천문학자들은 행성의 움직임을 설명하려고 지구를 중심으로 하는 태양계를 구축한 뒤, 말이 되게 만들려고 엄청나게 복잡한 요소를 덧붙여야 했다. 하지만 단순히 태양을 중심에 놓는 것만으로도 이 모든 복잡성이 싸그리 사라졌다. 오컴의 면도날 이론에 따르면 이런 상황에서는 '태양 중심적 관점'이 옳을 가능성이 더 높은데, 실제로도 그랬다. 하지만 '보다 단순한' 설명을 지나치게 선호하다가는 말이 실제에 앞서는 우를 범할 수도 있다. 예를 들어, 아인슈타인의 중력 법칙이 과연 뉴턴의 법칙에 비해 단순한가? 그렇지 않다. 오늘날 오컴의 면도날 이론을 진지한 수학적 규칙으로 간주하려는 사람이 있지만 이런 시도는 아직 논란거리다.

3초 요약
만약 여러분이 가정이 별로 없는 단순한 설명과, 수많은 가정에 의존하는 복잡하기 그지없는 설명 가운데 하나를 고른다면 간단하고 우아한 쪽을 선택하라.

3분 통찰
오컴의 면도날 원리는 경험적인 어림 법칙으로는 꽤 잘 작동하지만, 사람들이 매번 이 원리를 활용해 정확한 설명이 무엇인지 골라낸다는 보장은 없다. 역사적 사건에 대해 믿을 수 없을 만큼 복잡하고 난해한 설명을 읊어대는 음모론이 그런 예이다. 오컴의 면도날 이론에 따르면 우리는 음모론보다는 단순하고 깔끔한 공식적인 설명을 받아들여야 한다. 하지만 귀 얇은 사람들은 그렇게 하지 못한다.

관련 이론
다음 페이지를 참고하라
최소 작용의 원리 16쪽

3초 인물
윌리엄 오컴(1288~1348)

30초 저자
로버트 매슈스

오컴의 면도날 이론이 말하려는 바는 다음과 같다. '뭐든 단순하게 정리하라.' 여러분이 무언가를 알아냈다면 그 내용을 본질적인 요소로만 간추리는 게 좋다.

$$\frac{mV_A^2}{2} - \frac{GmM}{(1-\epsilon)a} = \frac{mV_B^2}{2} - \frac{GmM}{(1+\epsilon)a}$$

$$\frac{V_A^2}{2} - \frac{V_B^2}{2} = \frac{GM}{(1-\epsilon)a} - \frac{GM}{(1+\epsilon)a}$$

$$\frac{V_A^2 - V_B^2}{2} = \frac{GM}{a} \cdot \left(\frac{1}{(1'-\epsilon)} - \frac{1}{(1+\epsilon)} \right)$$

$$\frac{\left(V_B \cdot \frac{1+\epsilon}{1-\epsilon} \right)^2 - V_B^2}{2} = \frac{GM}{a} \cdot \left(\frac{1+\epsilon-1+\epsilon}{(1-\epsilon)(1+\epsilon)} \right)$$

$$V_B^2 \cdot \left(\frac{1+\epsilon}{1-\epsilon} \right)^2 - V_B^2 = \frac{2GM}{a} \cdot \left(\frac{2\epsilon}{(1-\epsilon)(1+\epsilon)} \right)$$

$$V_B^2 \cdot \left(\frac{(1+\epsilon)^2 - (1-\epsilon)^2}{(1-\epsilon)^2} \right) = \frac{4GM\epsilon}{a \cdot (1-\epsilon)(1+\epsilon)}$$

$$V_B^2 \cdot \left(\frac{1+2\epsilon+\epsilon^2 - 1 + 2\epsilon - \epsilon^2}{(1-\epsilon)^2} \right) = \frac{4GM\epsilon}{a \cdot (1-\epsilon)(1+\epsilon)}$$

$$V_B^2 \cdot 4\epsilon = \frac{4GM\epsilon \cdot (1-\epsilon)^2}{a \cdot (1-\epsilon)(1+\epsilon)}$$

$$V_B = \sqrt{\frac{GM \cdot (1-\epsilon)}{a \cdot (1+\epsilon)}}.$$

$$\frac{dA}{dt} = \frac{\frac{1}{2} \cdot (1+\epsilon)a \cdot V_B \, dt}{dt} = \frac{1}{2} \cdot (1+\epsilon)a \cdot V_B$$

$$= \frac{1}{2} \cdot (1+\epsilon)a \cdot \sqrt{\frac{GM \cdot (1-\epsilon)}{a \cdot (1+\epsilon)}} = \frac{1}{2} \cdot \sqrt{GMa \cdot (1-\epsilon)(1+\epsilon)}$$

$$T \cdot \frac{dA}{dt} = \pi a \sqrt{(1-\epsilon^2)a}$$

$$T \cdot \frac{1}{2} \cdot \sqrt{GMa \cdot (1-\epsilon)(1+\epsilon)} = \pi \sqrt{(1-\epsilon^2)}a^2$$

$$T = \frac{2\pi\sqrt{(1-\epsilon^2)}a^2}{\sqrt{GMa \cdot (1-\epsilon)(1+\epsilon)}} = \frac{2\pi a^2}{\sqrt{GMa}} = \frac{2\pi}{\sqrt{GM}}\sqrt{a^3}$$

$$T^2 = \frac{4\pi^2}{GM}a^3.$$

적을수록 더 좋다.
윌리엄 오컴은
우아한 단순성을
무척이나 선호했다.

$$T^2 = \frac{4\pi^2}{G(M+m)}a^3.$$

밈 이론

30초 이론

3초 요약
마치 유전자의 선택이
이뤄지면 생물체가 진화하는
것처럼 사람들이 밈을
선택하기 때문에 문화가
진화한다. 우리는 다들 밈을
전달하는 기계다.

3분 통찰
그동안 밈 개념은 '공허하거나
의미 없는 비유'라는 비판을
받았다. 대부분의 생물학자
들은 인류의 뇌가 커진 이유,
우리가 예술과 음악에
특별히 기쁨을 느끼는
이유를 설명하려면 밈이
필요하다는 사실을 애써
부인하고 기존 이론이 더
낫다고 주장한다. 어쩌면
우리 인간은 밈 기계지만,
기술 분야의 밈('팀'이라
불리는)이 기술을 계속
발전시키는 이 세상에서
우리 역할은 점점 줄어들고
있는지도 모른다.

어떤 관습이나 기술, 이야기, 노래, 정보를 어떤
사람에서 다른 사람에게 그대로 전달할 때마다
우리는 밈을 다루고 있다. 모든 과학 이론이 그
렇지만 밈이란 아이디어 역시 그 자체로 밈이다.
밈의 개념, 즉 '밈이라는 밈'은 어떤 정보든 복제
되고, 변이와 선택이 일어나면 진화가 이루어진
다는 보편적 다원주의 이론에서 비롯했다.
오늘날 우리가 가장 친숙하게 알고 있는 복제자
는 유전자다. 1976년에 생물학자 리처드 도킨스
는 유전자 말고도 문화가 우리의 두 번째 복제자
라고 주장했고, 이것을 '밈'이라고 칭했다. 인간
은 모방과 가르침을 통해 밈(아이디어, 기술, 행동
을 포함하는)을 복제하고, 그 과정에서 실수하거
나, 의도적인 수정을 덧붙이거나, 창조적으로 결
합함으로써 변이를 일으킨 다음, 그중에서 우리
가 기억하고 전달할 밈을 선택한다. 밈에 대한
연구는 밈이 어떻게 퍼지는지, 어째서 어떤 것은
번성하는 반면 어떤 것은 실패하는지, 그리고 그
것이 문화의 진화에 미치는 결과가 무엇인지를
살핀다. 일반적으로 과학이나 의학, 금융 제도,
예술, 음악이 그렇듯 몇몇 밈은 우리에게 쓸모가
있거나 이득을 주기 때문에 널리 퍼진다. 반면
에 몇몇 밈은 우리에게 쓸모가 없거나 해를 끼칠
가능성이 있는데도 마치 바이러스처럼 퍼져나간
다. 컴퓨터 바이러스, 소위 '행운의 편지', 종교나
컬트적인 믿음, 효과 없는 대체 치료 요법 등이
그렇다. 인간은 밈을 퍼뜨리는 기계이고, 밈은
그들의 생존에 우리를 활용하는 것이다.

관련 이론
다음 페이지를 참고하라
자연 선택 58쪽
이기적 유전자 60쪽

3초 인물
리처드 도킨스(1941~)

30초 저자
수 블랙모어

*여러분의 머릿속에서 모든
생각은 서로 경쟁하고 있다.
그것들은 여러분이 자신에
대해 다른 누군가에게
말하기를 바란다.
그러면 다른 사람의
머릿속으로 들어가, 더
멀리 퍼질 수 있기 때문이다.*

밈과 '밈 이론'으로
굉장히 많은 것을 설명할 수 있다.

1928
미국 웨스트버지니아 주
블루필드에서 태어남

1945~1948
피츠버그의 카네기멜론
공과대학에서 공부함

1948
프린스턴 대학에서
박사 학위 공부를 시작함

1950
게임 이론에 대한 논문을
출판함

1951
매사추세츠 공과대학의
교수가 됨

1959
조현병 진단을 받음

1994
노벨 경제학상을 받음

2001
내시의 인생 이야기를 담은
영화 <뷰티풀 마인드>가
개봉됨

2015
뉴저지주에서
교통사고로 사망

존 내시

수학자의 머릿속에서 어떤 일이 벌어지는지 이해하기란 쉽지 않다. 결국 그 수학자는 단어가 아닌 숫자라는 언어로 생각하고 있기 때문이다. 그렇기에 수학 천재의 작업물은 물리학자도 쉽게 접근하지 못했다. 하지만 유명한 수학자 존 내시는 예외다.

1950년대에 내시는 제로섬 게임이라는 개념을 연구했는데, 이것은 한쪽이 이득을 취하면 상대편은 그만큼 똑같이 손해를 보는 특수한 유형의 경쟁이었다. 냉전 시대 미국과 소련 양측의 군비 경쟁과 관련된 상호 확증 파괴 전략(MAD)의 이면에는 내시의 아이디어가 있었다. 핵전쟁이 일어나면 공격자 역시 방어자만큼 손해를 볼 것이라는 상호 확신이 전쟁을 억지했던 것이다. 내시의 이 게임 이론을 경제학자들이 시장의 행동을 예측하는 데도 활용했고 그 결과 내시는 1994년에 노벨 경제학상을 수상했다.

존 포브스 내시 주니어는 1928년에 미국 웨스트버지니아주 블루필드에서 태어났다. 그는 1948년에 피츠버그에 있는 카네기멜론 공과대학을 졸업했고, 2년 뒤 비협력 게임(참가자들이 서로 구속력 있는 약속을 하지 못하는 게임)에 대한 논문을 발표했다. 하지만 이후 내시의 커리어는 굴곡이 심했다. 그는 1950년대 내내 랜드연구소와 MIT에서 근무했지만, 여러 차례 정신 질환을 앓고 법에 저촉되는 사건이 생기면서 그만둘 수밖에 없었다. 내시는 1959년부터 망상형 조현병을 치료하기 시작했다. 그러다 건강이 충분히 회복되자 그는 프린스턴 대학에서 비공식적으로 연구를 계속 이어갔다. 파란만장했던 내시의 인생은 2001년에 영화 <뷰티풀 마인드>로 제작되었고 이 영화는 네 개의 오스카상을 거머쥐었다. 하지만 장담컨대 수학적인 내용은 상당히 단순화됐을 것이다.

게임 이론

30초 이론

이 이론은 군사 작전을 짜는 전략가부터 카드 게임을 하는 사람에 이르기까지 일상생활에서 맞닥뜨리는 오래된 문제를 다룬다. 상대방이 무슨 생각을 하고 있는지 모른다면 우리가 채택할 수 있는 최선의 전략은 과연 무엇일까? 이런 문제를 해결하는 것이 바로 게임 이론이라 불리는 응용 수학 분야의 지상 목표다. 하지만 이 이론은 이름처럼 여가 시간에 가볍게 고민하는 문제를 훨씬 넘어서서 다양하게 응용된다. 최초의 주된 통찰은 1920년대에 수학자들이 소위 '제로섬 게임'을 다루는 규칙을 고안하면서 등장했다. 제로섬 게임이란 한 사람의 이득이 다른 사람의 손실과 정확히 일치하는 게임이다. '미니맥스 정리'라고 알려진 이 원리는 최악의 상황에서 가장 큰 보상을 주는 전략을 채택하라고 권한다. 하지만 우리가 일상에서 마주하는 대부분의 '게임'은 제로섬이 아니며, 몇몇 전략은 양쪽 모두 이득을 얻거나 모두 손해를 보게 할 수 있다. 1950년에 미국의 수학자 존 내시는 미니맥스 정리를 확장해 제로섬이 아닌 게임도 포함하는 방식으로 게임 이론의 유용성을 크게 넓혔다. 예를 들어 진화 생물학자들은 동물들이 서로 싸우기보다 협력을 선택하는 이유를 이해하고자 이 정리를 사용했으며, 심리학자들은 법이 지켜지는 사회에서 범죄자의 행동 예측에 이 정리를 적용했다.

관련 이론
다음 페이지를 참고하라
사회생물학 68쪽

3초 인물
존 내시(1928~2015)

30초 저자
로버트 매슈스

3초 요약
만약 여러분이 인생을 하나의 게임으로 여긴다면, 어떻게 플레이해야 할지 알아야 한다. 이때 게임 이론은 도움을 줄 수 있다.

3분 통찰
게임 이론은 확실히 정교하지만, 그럼에도 몇 가지 가정을 포함한다. 이 가운데 가장 의문스러운 지점은 '참가자'들이 합리적이고 이성적이라는 가정이다. 물론 쿠바 미사일 위기 때는 이 가정이 효과가 있었는데, 그 결과 미국은 소련이 핵 공격으로 모든 것이 파괴되기를 바라지 않는다는 사실을 알아냈다. 하지만 자살 폭탄 테러범과 정신 질환자에 대해서는 이 가정이 완전히 빗나간다.

전쟁에서 사업에 이르는 모든 것을 하나의 게임이라 여길 수 있다. 게임 이론은 여기서 여러분을 승자로 만드는 일종의 수학이다.

148

여러분의 차례다.
무슨 수를 둘지
충분히 생각해 봤는가?

작은 세계 이론

30초 이론

관련 이론
다음 페이지를 참고하라
카오스 이론 152쪽

3초 인물
스탠리 밀그램(1933~1984)

30초 저자
로버트 매슈스

3초 요약
사람들 대부분과 연결되려면 정말 발이 넓은 몇몇 사람을 알고 지내면 된다. 그러니 그들과 잠자리를 하기 전에는 신중해야 한다.

3분 통찰
작은 세계 효과에는 어두운 면이 있다. 이 점은 2003년 8월에 생생하게 증명됐다. 당시 미국 오하이오주 클리블랜드 외곽의 한 나무에 전력 케이블이 닿는 바람에 미국 8개 주와 캐나다 동부의 여러 지역에 걸쳐 5000만 명의 사람들이 전기를 사용하지 못하는 대규모 정전 사태가 벌어졌다. 전기가 끊어지자 이 전력망에 연결돼 있던 다른 '작은 세계'도 모습을 드러냈는데, 그중에는 혼란에 빠진 캐나다의 항공, 교통망도 포함된다.

파티에서 생전 모르던 사람과 이야기를 나누다가 서로 겹치는 친구가 있다는 사실을 발견하면 이렇게 외친다. '와, 세상 참 좁네요!' 실제로 그렇다. 작은 세계 이론은 질병의 확산부터 세계화가 미치는 영향에 이르기까지 여러 문제에 대한 통찰력을 제공한다. 그 핵심에는 친구나 이웃에서부터 컴퓨터, 다국적 기업에 이르기까지 모든 것이 어떤 단위로 상호 연결된 네트워크라는 개념이 자리한다. 이러한 네트워크는 작은 마을에 사는 가족이 그렇듯, 짧은 거리의 연결에 가끔씩 무작위적으로 먼 거리 연결이 섞이는(이 마을 사람들이 일 때문에 멀리 출장을 떠나야 할 때처럼) 모습을 띠곤 한다. 수학자들은 이러한 무작위 연결 고리 가운데 몇 개만 있으면 광대한 네트워크를 잘라내 모든 사람이 상대적으로 적은 중개자들에 의해 모든 사람과 연결되는 '작은 세계'로 바꿀 수 있다는 사실을 보여주었다. 실제로 관련 연구에 따르면, 약 6명의 중개자만 있으면 세상 모든 사람들과 연결될 수 있다. 이 연구는 네트워크를 둘러싸고 핵심적인 지름길을 형성하는 사람들이 누구인지에 초점을 맞추었다. 이들은 전염병이 확산될 것인지, 또는 새로운 마케팅 전략이 성공할 것인지 여부에 대한 열쇠를 쥐고 있다.

오늘날처럼 상호 연결된 세상에서 하나의 작은 사건은 수백만 명에게 영향을 미치는 광범위한 결과를 초래할 수 있다.

이것도 '작은 세계'의 한 사례다.
배고픈 쥐 한 마리가
전선을 갉았다고 이렇듯
엄청난 규모의 혼란이
이어질 줄은 누가 알았겠는가?

카오스 이론

30초 이론

여러분은 5분 늦게 집을 나섰다가 공항으로 향하는 기차를 놓치고 말았다. 이후 공항에 도착하고 나서 비행기를 놓쳤고, 다음 비행기는 내일이 되어서야 뜬다는 사실을 알았다. 겨우 5분의 지각이 하루를 통째로 날리는 사건으로 일파만파 커졌다. 이것은 수학자들이 '비선형 현상'이라고 부르는 것의 일상적인 예이다. 작은 효과라고 해서 반드시 작은 결과를 가져오는 것만은 아니다. 이 현상을 다루는 카오스 이론은 종종 완전히 무작위적이지도 않고 완전히 예측할 수도 없는 상황에 초점을 맞춘다. 매우 친숙한 사례는 날씨다. 비선형 효과는 작은 관측 오차가 시간이 지남에 따라 걷잡을 수 없이 커질 수 있다는 사실을 알려준다. 그러면 신뢰할 만한 날씨 예보를 하겠다는 희망은 산산조각이 난다. 기상 관측관은 심지어 나비가 날개를 펄럭이기만 해도 멀리 떨어진 어딘가의 날씨 예보에 큰 변화를 줄 수 있다는 '나비 효과'를 이야기하기도 한다.

카오스 이론은 완전히 무작위적이어서 정말로 예측할 수 없는 현상과, 단지 혼란스럽기만 한 현상을 구분하는 데 필요한 도구를 제공한다. 후자는 정확한 예측이 가능하다는 희망을 품을 수 있다. 이 이론은 어느 정도의 시간 단위 이상의 일기 예보는 믿을 수 없다는 지식도 제공한다. 대략 20일 정도의 기간이 그렇다.

관련 이론
다음 페이지를 참고하라
가이아 가설 108쪽

3초 인물
앙리 푸앵카레(1854~1942)
에드워드 로렌츠(1917~2008)
브누아 망델브로(1924~2010)

30초 저자
로버트 매슈스

3초 요약
인생에서 정말 확실한 건 죽음과 세금뿐이라는 이야기가 있다. 하지만 인생에는 아예 무작위적이지만은 않은 것들이 많이 존재한다. 카오스 이론은 이런 것을 다룬다.

3분 통찰
날씨는 종종 자연 속의 카오스를 보여주는 전형적인 예로 여겨진다. 기상 관측관들은 사람들이 애초에 그다지 큰 기대를 하지 않는 예보 적중률에 대한 변명으로서 재빨리 카오스 이론을 연구했다. 하지만 이 분야를 연구할 때 큰 문제점은 카오스 자체가 아니라, 예보에 사용하는 컴퓨터 모델에 있음을 시사하는 증거도 있다.

카오스 이론에 따르면 조그만 실수 하나가 커다란 사건, 심지어 재앙으로까지 확대될 수 있다.

카오스가 지배하는 세상에서는
잘못 빗맞은 크리켓 공이
세상의 종말을 일으키는 일도
불가능하지 않다.

이 책에 참여한 사람들

편집자

폴 파슨스 Paul Parsons는 BBC에서 펴내는 잡지 <포커스>의 전 편집장이다. 그는 <데일리 텔레그래프>에서 FHM에 이르는 잡지 지면에서 대중 과학에 대한 글을 썼다. 파슨스의 저서 《닥터 후의 과학》은 2007년 '왕립학회 올해의 과학책' 상에 최종 후보로 오른 12권 중 하나였다.

머리말

마틴 리스 Martin Rees는 왕립학회의 회장과 케임브리지 대학 트리니티 칼리지의 학장을 지냈으며 같은 대학 우주론과 천체물리학 담당 교수로 일한다. 1995년에 왕립천문학회 회장으로 임명되었고, 2005년에는 영국 상원에 무소속 의원으로 지명되었으며, 2007년에는 공로 훈장을 받았다. 리스는 지금껏 여기저기 광범위하게 해외를 돌아다니며 일하거나 여행했다. 그동안 하버드 대학, 칼텍, 버클리 대학, 교토대학을 포함한 많은 학교의 방문 교수를 지냈으며 지금은 프린스턴 고등연구소의 재단 관리자다. 1984년부터 1988년 사이에는 워싱턴 스미스소니언 협회의 운영 펠로우였고 현재 국립과학원, 미국예술과학원, 미국철학회의 외국인 회원이다. 그동안 과학과 정책에 대한 폭넓은 주제로 강의와 방송, 저술 활동을 했으며 일반 독자를 대상으로 7권의 저서를 썼다.

저자

짐 알칼릴리 Jim Al-Khalili는 영국 서리 대학교의 물리학 담당 교수다. 또 이 학교에서 과학 공공 참여단장을 맡았으며 공학 및 물리 과학 위원회의 선임 펠로우다. 알칼릴리는 《알칼릴리 교수의 블랙홀 교실》, 《퀀텀: 당혹스러운 사람들을 위한 안내서》를 포함한 여러 권의 인기 있는 베스트셀러 과학 책의 저자이기도 하다. 2007년에는 왕립학회의 마이클 패러데이 메달과 과학 커뮤니케이션 분야의 상을 받았다. 라디오와 텔레비전 프로그램에 정기적으로 출연하기도 한다.

수잔 블랙모어 Susan Blackmore는 영국 브리스톨 웨스트 잉글랜드 대학교의 방문 강사이자 프리랜서 작가, 강연자, 방송인이다. 밈과 진화론, 의식, 명상에 관심을 갖고 연구한다. 여러 잡지와 신문, <가디언>지 블로그에 글을 쓰며 라디오와 텔레비전에 자주 얼굴을 보이는 출연자이기도 하다. 저서로 《밈》, 《의식에 관한 대화》 등이 있다.

마이클 브룩스 Michael Brooks는 <뉴 사이언티스트>지의 특집기사 담당 편집인을 지냈으며 <가디언>, <타임스>의 대학 평가기관인 THE, <플레이보이> 같은 여러 지면에 글을 기고해 왔다. 소설인 《얽힘》, 과학적 변칙 현상에 대한 탐구서인 《말도 안 되는 것들 13가지》라는 2권의 책을 저술한 작가이기도 하다. 양자 물리학 분야의 박사 학위를 갖고 있으며 <뉴 사이언티스트>지의 고문이다.

존 그리빈 John Gribbin은 영국의 과학 분야 작가이자 서섹스 대학 천문학과의 방문 연구원이다. 그동안 과학 잡지인 <네이처>, <뉴 사이언티스트>뿐만 아니라 <타임스>, <가디언>, <인디펜던트>지에 과학 관련 글을 실었다. 또 이런 잡지의 일요일판에 취재원으로 글을 쓰거나 BBC 라디오에 출연하기도 했다. 그리빈은 슈뢰딩거의 양자역학에 대한 다소 허풍 섞인 안내서인 《슈뢰딩거의 고양이를 찾아서》의 저자로 가장 잘 알려져 있다. 2005년에는 100번째 책인 《펠로십》을 출간했다.

크리스천 재럿 Christian Jarret은 <사이콜로지스트>지의 기자이자 영국 심리학회에서 펴내는 <리서치 다이제스트>지의 편집인이다. 그뿐만 아니라 재럿은 <뉴 사이언티스트>, <사이콜로지>를 비롯한 여러 잡지와 제네바의 감성 과학 센터 등의 단체, 유니레버 같은 기업을 위해 글을 썼다. 맨체스터 대학에서 행동 신경과학 분야의 박사 학위를 마친 재럿은 런던의 정신의학연구소에서 신경과학 석사 학위를 받고 로열 홀로웨이 런던 대학 심리학과를 1급 우등 졸업한 바 있다. 《이 책에는 문제가 있다: 대중 심리학의 모험》을 쓴 작가이기도 하다.

로버트 매슈스 Robert Matthews는 영국 버밍엄에 있는 애스턴 대학의 과학 분야 방문 학자이다. 그동안 순수 수학과 의학 통계에서부터 머피의 법칙이 가진 기원 같은 도시 전설에 이르는 다양한 주제로 연구하고 글을 썼다. 또한 매슈스는 수상 경력이 있는 과학 저널리스트이며 <뉴 사이언티스트>, <파이낸셜 타임스>, <리더스 다이제스트>에서 www.thefirstpost.co.uk에 이르기까지 다양한 지면에 글을 발표한다. 현재 매슈스는 BBC에서 출간하는 <포커스>지의 과학 자문역을 맡고 있으며 《25가지 빅 아이디어: 우리 세상을 바꾸는 과학》과 《거미는 왜 거미줄에 달라붙지 않을까》의 저자이다.

빌 맥과이어 Bill McGuire는 유니버시티 칼리지 런던에서 지구물리학과 재난 분야를 강의하는 교수이며, 영국의 대표적인 재난 관련 전문가로 널리 인정받고 있다. 맥과이어는 과학 작가이기도 해서 《세상의 끝에 대한 안내서: 당신이 결코 알고 싶지 않았던 모든 것》을 저술했고 최근에는 《지구를 구하기 위한 7년》을 펴냈다. BBC 라디오 4 방송국에서 <우리가 기다리는 도중 일어난 재난과 압박받는 과학자들>을 진행하고 있으며, 5/스카이 뉴스 채널에서 <세상의 끝에 대한 보고서>라는 짧은 영상을 진행했다.

마크 리들리 Mark Ridley는 옥스퍼드 대학 생물학과를 졸업하고 이후 옥스퍼드 대학과 케임브리지 대학에서 연구원으로 일했다. 진화론과 동물 행동이 그의 전문 연구 분야다. 지난 몇 년 동안은 미국 애틀랜타주 에모리 대학 인류학과에서 생물학을 가르치기도 했다. 그러다 옥스퍼드 대학 동물학과의 임시 강사로 돌아온 리들리는 여기서 재직하며 프리랜서 작가로 일하는 중이다. 《진화론과 멘델의 악마》를 비롯한 여러 권의 책을 썼으며, 전문 학술지에 여러 편의 논문과 리뷰를 발표했고 <타임스 문학비평(TLS)>과 여러 일간지의 평일과 일요일판 지면에 글을 썼다.

정보 출처

참고 서적

25 Big Ideas: The Science That's Changing Our World
Robert Matthews (Oneworld, 2005)

Chaos: Inventing a New Science
James Gleick (Penguin, 1988)

Dreams of a Final Theory
Steven Weinberg (Vintage, 1994)

Gaia: A New Look at Life on Earth
James Lovelock
(Oxford University Press, 2000)

Global Catastrophes: A Very Short Introduction
Bill McGuire
(Oxford University Press, 2006)

Grammatical Man
Jeremy Campbell
(Simon & Schuster, 1982)

Prisoner's Dilemma
William Poundstone (Anchor, 1993)

Quantum: A Guide for the Perplexed
Jim Al-Khalili
(Weidenfeld & Nicolson, 2004)

Seven Years to Save the Planet: The Questions and Answers
Bill McGuire
(Weidenfeld & Nicolson, 2008)

Six Degrees: The Science of a Connected Age
Duncan Watts
(W. W. Norton & Company, 2004)

Snowball Earth
Gabrielle Walker
(Three Rivers Press, 2004)

Supercontinent: 10 Billion Years in the Life of Our Planet
Ted Nield
(Granta Books, 2007)

Understanding Moore's Law: Four Decades of Innovation
Edited by David C. Brock
(Chemical Heritage Foundation, 2006)

What We Believe But Cannot Yet Prove
John Brockman
(Harper Perennial, 2006)

잡지와 기사

Focus
www.bbcfocusmagazine.com

New Scientist
www.newscientist.com/home.ns

Wired
www.wired.com/

Anderson, M. C. and Green, C. (2001), "Suppressing unwanted memories by executive control."
Nature, 410, 131–134.
www.nature.com/nature/journal/v410/ n6826/ full/410366a0.html

Solms, M. (2004), "Freud returns."
Scientific American, 290, 82–88.
www.sciam.com/article.cfm?id=freud-returns-2006 -02

웹사이트

Bad Science
www.badscience.net
웹로그 형식으로 제공되는 벤 골드크레의 <가디언>지 칼럼. 미디어가 잘못 설명하는 과학을 다룬다.

Genetics Education Center
www.kumc.edu/gec/
온라인 유전 의학 정보

Information theory
www.tinyurl.com/f4two
클로드 섀넌의 논문 원본

The International Neuropsychoanalysis Centre
www.neuropsa.org.uk/npsa/

The James Lind Library
www.jameslindlibrary.org
증거 기반 의학의 온라인 정보

Null Hypothesis
www.null-hypothesis.co.uk
기묘한 과학기술의 세계를 들여다보는 경쾌한 저널

Open2.net
www.open2.net/alternativemedicine/ index.html
대체 의학에 대한 온라인 정보

Stanford Encyclopedia of Philosophy
plato.stanford.edu/entries/simplicity/
오컴의 면도날 입문

인덱스

159

이미지 제공

출판사는 이 책의 이미지 복제를 친절하게 허락해 주신
다음 개인과 단체에 감사드립니다. 사진 확인에 모든 노
력을 기울였지만 의도치 않게 누락된 부분이 있다면 사과
드립니다.

Corbis: 8, 43, 124, 146
Getty Images: 7, 22, 51, 62
Science Photo Library: 44, 82, 102.